MAGICAL
CHEMISTRY

神秘化学世界

不可思议的
化学世界

徐冬梅◎主编

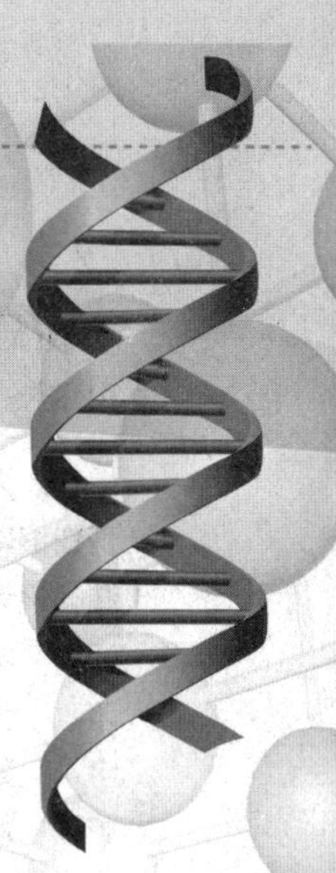

北方妇女儿童出版社

图书在版编目（CIP）数据

不可思议的化学世界 / 徐东梅主编. — 长春：北方妇女儿童出版社，2012. 11（2021. 3 重印）
（神秘化学世界）
ISBN 978 – 7 – 5385 – 6890 – 5

Ⅰ. ①不… Ⅱ. ①徐… Ⅲ. ①化学 – 青年读物②化学 – 少年读物 Ⅳ. ①O6 – 49

中国版本图书馆 CIP 数据核字（2012）第228719号

不可思议的化学世界

BUKESIYI DE HUAXUE SHIJIE

出 版 人	李文学
责任编辑	赵 凯
装帧设计	王 瓘
开 本	720mm × 1000mm 1/16
印 张	12
字 数	140 千字
版 次	2012 年 11 月第 1 版
印 次	2021 年 3 月第 3 次印刷
印 刷	汇昌印刷（天津）有限公司
出 版	北方妇女儿童出版社
发 行	北方妇女儿童出版社
地 址	长春市净月开发区龙腾国际大厦A座
电 话	总编办：0431–81629600
定 价	23.80 元

前　言

PREFACE

化学，顾名思义就是“变化的科学”。在化学的世界里，各种物质常常会发生令人惊奇的奇妙变化。翻开本书，带你走进一个不可思议的化学世界——

金刚石和石墨都是碳的单质，是同素异形体。由于二者的化学结构不同，导致它们的性能有着天壤之别。前者是硬度之王，后者则滑腻软弱。

白如雪、轻如云、暖如棉、柔如绒，吸水性和手感与棉花相似的“合成棉花”，是由化学家们像魔术师变戏法一样用石头做原料“变”来的。

“凯芙拉”由多种化学物质融合而成，不仅坚韧耐磨，而且刚柔相济，具有刀枪不入的特殊本领。

纺织品因受微生物侵蚀而造成的危害是显而易见的，于是人们用化学的方法合成了一种不会寄存病毒的抗菌纤维。

有一种材料可以在几分钟内吸收相当于自身重量几百倍乃至上千倍的水，也可吸收相当自身重量几十倍的电解质水溶液、尿、血液等，这种神奇的材料就是高分子吸水剂。

造成人类死亡的病因，往往只是某一器官或某一部分组织患病，医生就用其他人的器官给病人做移植手术。但随着这方面病人的增多，这种做法已不能满足需要了，人们便很自然地想到用化学合成的人造器官来代替人体器官。

输血之前必须进行验血，一些危重病人常常因为没有足够的时间和必需的设备无法输血而死亡。而且血库里的血都是从身体健康的人身上取来的，极其有限。为了使病人及时得到输血，科学家们开发出了“万能”的人造血。

俗话说："天有不测风云"。然而，随着科学技术的不断发展，这种观点已成为过去。几千年来人类"播云行雨"的愿望，如今已成为现实，使人类摆脱靠天吃饭的命运。

英国的一位建筑师在给外墙面粉刷的水泥中加了一些二氯化钴，别出心裁地将变色原理和色彩原理结合，创作了一幅"季节"随天气变化的风景画，令人叹为观止。

催泪气体在低浓度下，可使人眼睛受刺激、不断流泪、难以睁开眼睛，于是催泪弹作为一种非杀伤性的化学武器，被世界各国警察使用，广泛用作在暴乱场合以驱散示威者。

大家一定都领受过感冒时打喷嚏的那种难受劲，如果在战场上要是让你连续不断地打喷嚏那仗肯定没法打。化学家们通过人工方法就合成了那么一种能使人不停地打喷嚏的毒剂，这种毒剂就是亚当氏剂。

利用特异性能的化学物质，破坏坦克、战斗车辆的视瞄器材、电子设备、发动机以及操作人员的生理功能，使其丧失战斗力。如果说常规的反坦克武器是"以硬对硬"，那么这种化学物质反坦克武器就是以"软"制硬。

这些令人惊叹的不可思议的奇迹，都是由自然科学中的"魔术师"化学创造出来的。

总之，利用化学可以保证人类的生存并不断提高人类的生活质量。运用化学知识来分析和解决社会问题，如能源问题、粮食问题、环境问题、资源与可持续发展等问题，往往能另辟路径，柳暗花明。学习化学可以引起人们的好奇心和探索的欲望，激发人类了解自然的渴望，进而掌握各种提高生产力和改善人类生活的"化学工具"。

奇妙多样的无机物质

神通广大的合成材料

生产生活中的化学

令人恐怖的化学武器

奇妙多样的无机物质

无机物质是世界的本原和起点，在地球上还没有产生生命和人类的时候无机物质就已经存在了。例如，地球上的阳光、空气、水、大地、山川、土壤、海洋等宏观物体，各种化学元素和微观世界的原子、电子、基本粒子以及夸克等等。它们都是无生命的客观实在，都是在产生生命以前就存在的，都遵循机械的、物理的和化学的运动规律。生物界就是在无机自然界的基础上产生的，生命体都具有无机物质的基础性，而人类是在无机物质和生命基础上发展起来的最高级生命。原生生物和植物直接依赖无机自然界而生存，动物直接依赖于植物而生存，人类不仅依赖于无机自然界，而且依赖于生物界才能生存。

成分复杂的空气

空气是地球上的动植物生存的必要条件，动物呼吸、植物光合作用都离不开空气。大气层可以使地球上的温度保持相对稳定，如果没有大气层，白天温度会很高，而夜间温度会很低。大气层可以吸收来自太阳的紫外线，保护地球上的生物免受伤害。大气层可以阻止来自太空的高能粒子过多地进入地球，阻止陨石撞击地球，因为陨石与大气摩擦时既可以减速又可以燃烧。风、云、雨、雪的形成都离不开大气，声音的传播要利用空气。降落伞、减速伞和飞机也都利用了空气的作用力。一些机器要利用压缩空气进行工作等。

空气是人们赖以生存的必要因素。可是，空气是什么？它是由什么组成的呢？

在远古时代，空气曾被人们认为是简单的物质，直到 1669 年梅猷根据蜡烛燃烧的实验，推断空气的组成是复杂的。德国的史达尔约在 1700 年提出了一个普遍的化学理论，就是“燃素学说”。他认为有一种看不见的所谓的燃素，存在于可燃物质内。例如蜡烛燃烧，燃烧时燃素逸去，蜡烛缩小下塌而化为灰烬，他认为，燃烧失去燃素现象，即：蜡烛 - 燃素 = 灰烬。然而燃素学说终究不能解释自然界变化中的一些现象，它存在着严重的矛盾。第一是没有人见过“燃素”的存在；第二金属燃烧后质量增加，那么“燃素”就必然有负的质量，这是不可思议的。

1771 年，在瑞典的一个药房里，药剂师卡尔·杜勒做了一个有趣的实验。他从水里夹出了块橡皮似的黄磷，扔进一个空瓶子。黄磷是个脾气暴躁的家伙，它凭空也会“发火”——在空气中会自燃。杜勒把黄磷扔进空瓶子之后，立即用玻璃片盖上瓶口，黄磷燃烧起来了，射出白得炫目的光芒，瓶里弥漫着白色的浓烟。因为杜勒把瓶子盖死了，所以，黄磷虽然在一开始烧得挺猛烈，但是没一会儿就熄灭了。当杜勒把瓶子倒放到水里，移开玻璃时，水就会自动跑上来，而且总是跑进约 1/5 的地方。杜勒感到很奇怪，他想：瓶里剩下来的气体是什么呢？当他再把黄磷放进时，黄磷不再“发火”啦。他小心翼翼地把一只小老鼠放进瓶子里，只见它拼命地挣扎，不一会儿就死掉了。这件事引起了法国化学家拉瓦锡的注意。1774 年拉瓦锡提出燃烧的氧化学说，才否定燃素学说。拉瓦锡在进行铅、汞等金属的燃烧实验过程中，把少量汞放在密闭容器中加热 12 天，发现部分汞变成红色粉末，同时，空气体积减少了 1/5 左右。通过对剩余气体的研究，他发现这部分气体不能供给呼吸，也不助燃，他误认为这全部是氮气。

拉瓦锡又把加热生成的红色粉末收集起来，放在另一个较小的容器中再加热，得到汞和氧气，且氧气体积恰好等于密闭容器中减少的空气体积。他把得到的氧气导入前一个容器，所得气体和空气性质完全相同。

拉瓦锡

通过实验，拉瓦锡得出了空气由氧气和氮气组成，氧气占其中的1/5。他把剩下的4/5气体叫做氮气。氧气能助燃，氮气不能助燃。19世纪前，人们认为空气中仅有氮气与氧气，后来陆续发现了一些稀有气体。目前，人们已能精确测量空气成分。根据测定，证明干燥空气中（按体积比例计算）：氧气约占21%，氮气约占78%，惰性气体约占0.94%，二氧化碳约占0.03%，其他杂质约占0.03%。因此构成地球周围大气的气体空气是无色，无味，主要成分是氮气和氧气，还有极少量的氡、氦、氖、氩、氪、氙等稀有气体和水蒸气、二氧化碳和尘埃等的混合物。

空气的成分以氮气、氧气为主，是长期以来自然界里各种变化所造成的。在原始的绿色植物出现以前，原始大气是以一氧化碳、二氧化碳、甲烷和氨为主的。在绿色植物出现以后，植物在光合作用中放出的游离氧，使原始大气里的一氧化碳氧化成为二氧化碳，甲烷氧化成为水蒸气和二氧化碳，氨氧化成为水蒸气和氮气。以后，由于植物的光合作用持续地进行，空气里的二氧化碳在植物发生光合作用的过程中被吸收了大部分，并使空气里的氧气越来越多，终于形成了以氮气和氧气为主的现代空气。

空气是混合物，它的成分是很复杂的。空气的恒定成分是氮气、氧气以及稀有气体，这些成分所以几乎不变，主要是自然界各种变化相互补偿的结果。空气的可变成分是二氧化碳和水蒸气，空气的不定成分完全因地区而异。例如，在工厂区附近的空气里就会因生产项目的不同，而分别含有氨气、酸蒸气等。另外，空气里还含有极微量的氢、臭氧、氮的氧化物、甲烷等气体。灰尘是空气里或多或少的悬浮杂质。总的来说，空气的成分一般是比较固定的。

空气包裹在地球的外面，厚度达到数千千米，这一层厚厚的空气被称为大气层。按照空气的组成及性质，人们把大气层分为几个不同的层，从下到上有对流层、平流层（同温层）、热层、电离层、外层5层。我们生活在最下面的一层（即对流层）中。在同温层，空气要稀薄得多，这里有一种叫做“臭氧”的气体，它可以吸收太阳光中有害的紫外线。同温层的上面是电离层，这里有一层被称为离子的带电微粒。电离层的作用非常重要，它可以将无线电波反射到世界各地。若不考虑水蒸气、二氧化碳和各种碳氢化合物，则地面至100千米高度的空气平均组成保持恒定值，100千米以上25千米高空臭氧的含量有所增加。在更高的高空，空气的组成随高度而变，且明显地同每天的时间及太阳活动有关。

空气看不见，摸不着，但并非没有重量。由于空气存在重量，大气层中的空气始终给我们以压力，这种压力被称为大气压。我们人体每平方厘米上大约要承受1千克的重量，因为我们体内也有空气，这种压力体内外相等，所以，大气的压力才不会将我们压垮。

拉瓦锡

拉瓦锡（1743—1794）法国著名化学家，近代化学的奠基人之一。1763年获法学学士学位，并取得律师开业证书，后转向研究自然科学。他的论文《化学概要》标志着现代化学的诞生。在这篇论文中，拉瓦锡除了正确地描述燃烧和吸收这两种现象之外，在历史上还第一次开列出化学元素的准确名称。名称的确立建立在物质是由化学元素组成的这个基础之上。拉瓦锡根据化学实验的经验，阐明了质量守恒定律和它在化学中的运用。这些工作，特别是他所提出的新观念、新理论、新思想，为近代化学的发展奠定了重要的基础，因而后人称拉瓦锡为近代化学之父。拉瓦锡之于化学，犹如牛顿之于物理学。1794年，他因包税官的身份在法国大革命时被处死。

延伸阅读

喷火的老牛

在荷兰的一个小山村里，曾经发生过这样一件怪事。一个兽医给一头老牛治病，这头牛一会儿抬头，一会儿低下头，蹄子不断地打着地，好像热锅上的蚂蚁坐卧不安。近日来，它吃不下饲料，肚子却溜圆。手指一敲“咚咚”直响。兽医诊断认为：这牛肠胃胀气。他为了检查牛胃里的气体是否通过嘴排出来。便用探针插进牛的咽喉，当他在牛的嘴巴前打着打火机准备观察时，他万万没有想到牛胃里产生的气体熊熊地燃烧了起来，从牛嘴里喷出长长的火舌。引起一场冲天大火，将整个牛棚和牧草化为一片灰烬。

这头牛为什么会喷火呢？经有关人员的研究分析得出结论：牛喷出的气体是甲烷。

甲烷的分子式为 CH_4，在沼泽的底部往往有气泡逸出，那就是它，因此又得名沼气。它是一种无色、无味的气体，化学性质比较稳定，它可以燃烧并产生大量的热。因此，它是一种燃料。把有机废物像人、畜的粪便，麦秆、茎叶、杂草、树叶等特别是含纤维素的物质作为原料，在沼气池内发酵，在微生物的作用下，就产生了甲烷。

明白甲烷产生的条件，我们很容易弄清那头牛为什么会喷火了。牛吃的饲料是牧草，其主要成分为纤维素。由于牛患病，消化功能衰弱，在胃里进行异常发酵，产生了大量的甲烷引起了肠胃胀气。当兽医插入探针后，就像一根导管一样，把气体引了出来。

最轻与最重的气体

最轻的气体——氢

氢是元素周期表中的第一号元素，它的原子是元素中最小的一个。由于它又轻又小，所以跑得最快，如果人们让每种元素的原子进行一场别开生面的赛跑运动，那么冠军非氢原子莫属。

氢气是最轻的气体，在0℃和一个大气压下，每升氢气只有0.09克，它的“体重”还不到空气的1/14，它的这种特点，很早就引起了人们的兴趣。在1780年时，法国一名化学家便把氢气充入猪的膀胱中，制成了世界上第一个、也是最原始的氢气球，它冉冉地飞向了高空。现在，人们是在橡胶薄膜中充入氢气，大量制造氢气球。

在地球上和地球大气中只存在极稀少的游离状态氢。在地壳里，如果按重量计算，氢只占总重量的1%，而如果按原子百分数计算，则占17%。氢在自然界中分布很广，水便是氢的“仓库”——水中含11%的氢；泥土中约有1.5%的氢；石油、天然气、动植物体中也含氢。在空气中，氢气倒不多，约占总体积的1/2 000 000。在整个宇宙中，按原子百分数来说，氢却是最多的元素。据研究，在太阳的大气中，按原子百分数计算，氢占81.75%。在宇宙空间中，氢原子的数目比其他所有元素原子的总和约大100倍。

氢是重要工业原料，如生产合成氨和甲醇，也用来提炼石油，氢化有机物质作为收缩气体，用在氧氢焰熔接器和火箭燃料中。在高温下用氢将金属氧化物还原以制取金属较之其他方法，产品的性质更易控制，同时金属的纯度也更高，广泛用于钨、钼、钴、铁等金属粉末和锗、硅的生产。

由于氢气很轻，人们利用它来制作氢气球（注意：目前出于安全考虑，一般用氦气作为原料制造氢气球）。氢气与氧气化合时，能放出大量的热，被利用来进行切割金属。

利用氢的同位素氘和氚的原子核聚变时产生的能量能生产杀伤和破坏性极强的氢弹，其威力比原子弹大得多。

现在，氢气还作为一种可替代性的未来的清洁能源，用于汽车等的燃料。为此，美国于2002年还提出了“国家氢动力计划”，但是由于技术还不成熟，还没有进行大批的工业化应用。2003年科学家发现，使用氢燃料会使大气层中的氢增加约4~8倍，认为可能会让同温层的上端更冷、云层更多，还会加剧臭氧洞的扩大。但是一些因素也可抵消这种影响，如使用氯氟甲烷的减少、土壤的吸收，以及燃料电池的新技术的开发等。

氢是由英国化学家卡文迪许在1766年发现，称之为可燃空气，并证明它在空气中燃烧生成水。1787年法国化学家拉瓦锡证明氢是一种单质并命名。在地球上氢主要以化和态存在于水和有机物中，有3种同位素：氕、氘、氚。

卡文迪许

1. 不用汽油的汽车

你们见过不用汽油的汽车吗？

也许大家会问：汽车怎么会不用汽油呢？

原来，科学家们发现汽油燃烧后会放出二氧化碳，这样下去会对环境造成污染，就设想用另一种燃料来代替汽油。科学家们经过多次实验，终于发现氢气可以代替汽油。用氢气作燃料有许多优点，首先是干净卫生，氢气燃烧后的产物是水，不会污染环境，其次是氢气在燃烧时比汽油的发热量高。

在1965年，外国的科学家们就已设计出了能在马路上行驶的氢能汽车。我国也在1980年成功地造出了第一辆氢能汽车，可乘坐12人，贮存氢材料90千克。氢能汽车行车路远，使用的寿命长，最大的优点是不污染环境。

2. 气球的妙用

10月1日国庆节，举国欢庆。首都天安门前，五颜六色、大大小小的气球高高地浮在空中，迎风飘扬，翩翩起舞，十分好看，人们都说这是“白天的焰火”。

除了欢度节日，增加愉快的气氛之外，气球还有没有其他的用处呢？

科学家很早就给我们做出了回答。

在人类漫长的历史中，经受了无数次的洪水、干旱、地震等自然灾害。

古时候人们都十分迷信，认为这些都是因为自己做错了什么事触怒了上天，所以上天降下灾祸。随着科学的发展，人们逐渐认识到并没有什么天神，这些都是自然现象，而且可以对它们进行预测。

在东汉时我国人民就能预测地震，但对于洪水，却一直无能为力。洪水一来就要淹没村庄，毁坏农田，有时甚至会危害人类。怎么才能对付洪水呢？科学家研究发现，洪水是由长时间下暴雨造成的，暴雨又是从雨云中降下的。这样，只要能观测到云层的厚度和水分，就可以预报天气，人们在听到暴雨来临的消息后就会做好预防措施，这样就减轻了洪水带来的危害。

可是，云朵都飘浮在高空，人类又没有翅膀，飞不到那样的高度，怎么办呢？

在化学家发现了氢气后，这个问题一下子解决了。人们造了好多个氢气球，让它们带上观测设备，这样，人们不用上天，就可以知道天空中云层的变化，从而做出准确的天气预报。

最近一段时间，气球又有了一种新用途，利用它携带干冰、碘化银等药剂升上天空，在云朵中喷撒，可以进行人工降雨。

因为氢气容易爆炸，所以现在填充气球、飞艇等原来用氢气填充的物体时就改用氦来填充，现在氢气的用处不多，用得多的是氢气的同位素——氘和氚。

3. 飞人之死

在18世纪19年代初，欧洲出现了热气球，人们用它已经把鸡、鸭、羊等动物送上了天空。可是，人们对它还是心存恐惧，没有人愿意乘气球离开地面。

1783年，法国国王在科学界的一致要求下批准了用气球送人上天的计划，但要送的却是两个死刑犯。

这个消息被一个勇敢的青年知道后，他想第一次上天是一项流芳百世的壮举，怎么能把这个千载难逢的机遇让给死刑犯呢？于是他找了一个跟他一样不怕死的青年，向国王请求让他们替下死刑犯，国王被他们的勇敢打动了，准许了他们的要求。

在1783年11月21日，这两个青年乘上热气球，成功地进行了第一次用气球载人飞行，他俩顿时成了新闻人物，人们在街谈巷议中纷纷把他俩称作“飞人”。

第二年，他们又计划乘气球飞越英吉利海峡。这时人们已经制出了氢气球，他们决定把氢气球和热气球组合在一起，同时乘坐两只气球飞向英国。

这一天，他们把两只气球绑在一起，然后升上了天空。不久之后，悲剧发生了，气球发生了爆炸，他们都在事故中遇难身亡。气球爆炸是因为热气球下面有一个火盆，是用来给空气加热，但氢气是一种易燃易爆的气体，它一见火就会发生爆炸，因为缺乏对氢气的了解，导致了这场灾难的发生。

最重的气体——氡

1900年，德国人恩斯特·多恩发现一种气体——氡或硝酸灵（无色同位素222）。这是从镭盐中释放出来的气体，这种气体比氢气重111.5倍，即1立方厘米重0.011 005克，是世界上最重的气体。

氡是无色、无味气体，熔点－71℃，沸点－61.8℃，气体密度9.73克/升；水溶解度4.933克/千克，也易溶于有机溶剂，如煤油、二硫化碳等中。氡很容易吸附于橡胶、活性炭、硅胶和其他吸附剂上，是天然放射性元素，无色无嗅气体，化学性质极不活泼，没有稳定的核素，具有危险的放射性，这种放射性可以破坏形成的任何化合物。氡较容易压缩成无色发磷光的液体，固体氡有天蓝色的钻石光泽。氡的化学性质极不活泼，已制得的氡化合物只有氟化氡，它与氙的相应化合物类似，但更稳定，更不易挥发。氡主要用于放射性物质的研究，可做实验中的中子源，还可用作气体示踪剂，用于研究管道泄漏和气体运动等。

由于氡具有放射性，衰变后成为放射性钋和α粒子，因此可供医疗用，用于癌症的放射治疗：用充满氡气的金针插进生病的组织，可杀死癌细胞；虽然利用^{60}钴和粒子加速器对疾病进行辐射治疗已有一定的进展，但氡仍被用于很多医院。它通常从辐射源泵并密封于小玻璃瓶中，然后植入患者体内肿瘤部位。人们称这种氡粒子为“种子”。

氡是地壳中放射性铀、镭和钍的蜕变产物，是一种稀有气体，因此地壳中含有放射性元素的岩石总是不断地向四周扩散氡气，使空气中和地下水中多多少少含有一些氡气。强烈地震前，地应力活动加强，氡气不仅运移增强，含量也会发生异常变化，如果地下含水层的地应力作用下发生形变，就会加速地下水的运动，增强氡气的扩散作用，引起氡气含量的增加，所以测定地下水中氡气的含量增加可以作为一种地震前兆。

由于氡是一种放射性元素，如果长期呼吸高浓度氡气，将会造成上呼吸道和肺伤害，甚至引发肺癌，它为19种致癌物质之一。

氡的分布很广，每天都在你的周围，它存在于家家户户的房间里。据检测，美国几乎有1/15的家庭氡含量较高。了解室内高浓度氡的来源，有助于我们对氡的认识和防治。调查表明，室内氡的来源主要有以下几个方面：

（1）从房基土壤中析出的氡。在地层深处含有铀、镭、钍的土壤、岩石中，人们可以发现高浓度的氡。这些氡可以通过地层断裂带，进入土壤和大气层。建筑物建在上面，氡就会沿着地的裂缝扩散到室内。从北京地区的地质断裂带上检测表明，三层以下住房室内氡含量较高。

（2）从建筑材料中析出的氡。1982年联合国原子辐射效应科学委员会的报告中指出，建筑材料是室内氡的最主要来源，如花岗岩、砖砂、水泥及石膏之类，特别是含有放射性元素的天然石材，易释放出氡。从近期室内环境检测中心的检测结果看，此类问题不可忽视。

（3）从户外空气中进入室内的氡。在室外空气中，氡被稀释到很低的浓度，几乎对人体不构成威胁。可是一旦进入室内，就会在室内大量地积聚。

（4）从供水及用于取暖和厨房设备的天然气中释放出的氡。这方面，只有水和天然气的含量比较高时才会有危害。

中国室内装饰协会室内环境检测中心在调查中发现，北京地区的一些家庭，住在一楼并在地面铺装了花岗岩，室内氡含量较高，有的已经对家人造成了伤害，应该引起大家的注意。

从总统到小学生，防止室内氡的危害已经成为国际关注的焦点。为了保证人民身体健康与安全，各国对室内氡的危害已经引起重视。到目前为止，世界上已有20多个国家和地区制定了室内氡浓度控制标准。瑞典是一个室内氡浓度较高的国家，早在1979年瑞典就成立了国家氡委员会，经过20多年的努力，对所有建筑进行了监测并对每所房屋建立了氡的档案。1987年氡被国际癌症研究机构列入室内重要致癌物质。1990年美国开始举办国家氡行动周，以便让更多的人了解氡的危害，使更多的家庭接收氡的测试，对发现高氡建筑物采取防护措施。1996年，我国技术监督局和卫生部就颁布了《住房内氡浓度控制标准》，规定新建的建筑物中每立方米空气中氡浓度的上限值为100贝克，已使用的旧建筑物中每立方米空气中氡的浓度为200贝克。随后颁布了《地下建筑氡及其子体控制标准》和《地热水应用中的放射性防护标准》，提出了严格的控制标准，并由卫生部、国土资源部等部门成立了氡检测和防治领导小组。

室内的氡含量无论高低都会对人体造成危害，但只要注意降低住房里的氡含量就可以减少这种危害。从国内外的一些经验看，有好多种方法可以降低住房的氡水平。可以从以下几个方面加以注意：

（1）在建房前进行地基选择时，有条件的可先请有关部门做氡的测试，然后采取降氡措施。个人购买住房时，应考虑这个因素。

（2）建筑材料的选择。在建筑施工和居室装饰装修时，尽量按照国家标准选用低放射性的建筑和装饰材料。北京有的房地产开发商在进行施工工程监理时，特别注意建筑材料的放射性，及时请有关部门进行检测，这种做法应该提倡。居民在进行家居装修更应该注意这一点。

（3）在写字楼和家庭室内装饰中，要注意天棚、密封地板和墙上的所有裂缝，地下室和一楼以及室内氡含量比较高的房间更要注意，这种做法可以有效减少氡的析出。

（4）做好室内的通风换气，这是降低室内氡浓度的有效方法。据专家试验，一间氡浓度在151贝克/米^{3}房间，开窗通风1小时后，室内氡浓度就降为48贝克/米^3。有条件的可配备有效的室内空气净化器。

（5）尽量减少或禁止在室内吸烟，特别是有儿童和老人时。

卡文迪许

卡文迪许（1731—1810）英国化学家、物理学家。1749—1753 年在剑桥彼得豪斯学院求学。开始他在父亲的实验室中当助手，做了大量的电学、化学研究工作。1784 年左右，卡文迪许研究了空气的组成，发现普通空气中氮占 4/5，氧占 1/5。他确定了水的成分，肯定了它不是元素而是化合物。他还发现了硝酸。他不好交际，不善言谈，终生未婚，过着奇特的隐居生活。他为了搞科学研究，把客厅改作实验室，在卧室的床边放着许多观察仪器，以便随时观察天象。他从祖上接受了大笔遗产，成为百万富翁。他是一位活到老、干到老的学者，直到逝世前夜还在做实验。他一生获得的外号有“科学怪人”、“科学巨擘”、“最富有的学者，最博学的富豪”等。

氢能汽车

氢能汽车是以氢为主要能量进行行驶的汽车。一般的内燃机，通常注入柴油或汽油，氢汽车则改为使用气体氢。燃料电池和电动机会取代一般的引擎，即氢燃料电池的原理是把氢输入燃料电池中，氢原子的电子被质子交换膜阻隔，通过外电路从负极传导到正极，成为电能驱动电动机；质子却可以通过质子交换膜与氧化合为纯净的水雾排出。这样有效减少了其他燃油汽车造成的空气污染问题。

在 1965 年，外国的科学家们就已设计出了能在马路上行驶的氢能汽车。我国也在 1980 年成功地造出了第一辆氢能汽车，可乘坐 12 人，贮存氢材料90千克。氢能汽车行车路远，使用的寿命长，最大的优点是不污染环境。

氢是可以取代石油的燃料，其燃烧产物是水和少量氮氧化合物，对空气污染极少。氢气可以从电解水、煤的气化中大量制取，而且不需要对汽车发动机进行大的改装，因此氢能汽车具有广阔的应用前景。

无色无味的二氧化碳

在自然界的物质循环中，碳的循环是比较简单的。让我们先来看一看碳走过的路。

碳是生物界里的主角。它是构成有机体最基本的元素之一，占有机体总干重的49%。自然界中碳的循环，与二氧化碳密不可分。大气是二氧化碳的贮藏仓库，绿色植物在进行光合作用时，从大气中吸取二氧化碳，在光能的作用下，合成碳水化合物，然而，碳沿着食物链的路线，从植物到动物到人，在每一个营养级上，随着生物的呼吸都有一部分二氧化碳回到大气中；生物的遗体和排泄物被细菌分解后，也能释放出二氧化碳。

在生物圈中不停运行的碳只占自然界中碳的总量的一小部分，其余绝大部分以碳酸盐的形式被禁锢在岩石圈内，几乎没有资格去“旅行”。稍稍幸运的是地球表面的碳酸岩，它被风化后也能产生二氧化碳，可以自由来去。地下深处的碳酸岩，往往要遇到火山爆发等剧烈的地质活动才有出头之日，火山喷发出的气体中含有大量的二氧化碳、一氧化碳等含碳的气体。

在无数的化学气体中，二氧化碳留给人们的印象似乎是很温和的，它时时刻刻伴随着人们的生活，可又与人无涉，既不帮助你生存，又不妨碍你生存。然而，数年前一场震惊世界的灾难却让我们对二氧化碳刮目相看。

那是1986年8月22日晚上9时30分左右，喀麦隆一座面积不到2平方千米的小小火山湖——尼奥斯湖发出了-声沉闷的巨响，几股强大的气体从湖底冲出，然后一切又归于平静。逸出的气体悄无声息地向村庄扑去，气体弥漫之处传来阵阵呻吟。第二天早上，离湖最近的尼奥斯村屋宇依旧完好，树木依旧苍翠，可全村竟然只剩下两个活人。其余的人和家畜、家禽全都死掉了。8 月 29 日，联合国救灾协调专员办事处在日内瓦宣布：尼奥斯湖灾难中的死亡人数达 1746 人。

后来，许多科学家研究后作出了这样一个解释：从尼奥斯湖喷出并酿成灾难的气体是二氧化碳。

尼奥斯湖

在尼奥斯湖畔有一座活火山阿库火山，虽然已有百余年没有喷发，但却一直慢慢从湖底的火山裂缝中散发出二氧化碳，并渗入湖中。微妙的化学平衡使含有大量碳酸氢盐的湖水处于湖水的最底层。而碳酸氢盐素来不稳定。那天晚上下了暴雨，大量的地表水进入湖中，使湖水出现搅动，富含碳酸氢盐的深水上翻，同时释放出大量的二氧化碳。这令人窒息的二氧化碳夺走了 1746 人的宝贵生命。

二氧化碳是一种比较重的气体，当它弥漫开来的时候，就会把人与氧气隔离开来。人长时间离开了氧气，就会窒息而亡。表面温和的二氧化碳终于露出了它的真面目。但是，这也正是二氧化碳作为灭火剂的重要原因之一，看来，有一弊就有一利。

随着工业的发展，人类又为碳的循环加入了一个新的因素：煤被大量开采和使用并释放出大量的二氧化碳，20 世纪石油和天然气的大量消耗也增进了碳的循环。

人口的过快增长和工业的发展，使得人类生存和活动所产生的二氧化碳大大超过了植物和海洋所能吸收的总量。与此同时，由于人类的乱砍滥伐，森林面积正以每天 4370 公顷的速度从地球上消失。正常情况下 1 公顷阔叶林在生长季节里一天要消耗 1 吨二氧化碳，这就意味着大气中的二氧化碳的贮存要比原来每天多4370吨。所以，从1860年到1970年的100多年间，大气中的二氧化碳的浓度，将从0.028%增加到0.032%，这个数字后面所蕴含的祸害之一，便是人们所说的“温室效应”。

1994年夏季，全球出现了举世瞩目的炎热天气，其炎热范围之广、程度之甚、时间之长，均为历史之罕见，盛暑7月过后，仍不断传来各地的高温纪录被打破的消息，并因此引起各地因高温而使人丧生、因高温使用电量剧增等种种棘手的问题。

这到底是为什么？科学家认为，原因是多方面的，但祸根是大气中含量日益增多的二氧化碳。

大家知道，太阳短波（主要指可见光）辐射是透过大气层到达地球表面的。地球表面从太阳获得能量变暖以后，又以长波红外辐射的形式向外发射。而二氧化碳对长波辐射有强烈的吸收作用，地球表面发出的长波辐射到大气以后就被二氧化碳截获，最后使大气增温。大气中的二氧化碳如同温室的玻璃一样，只准太阳的辐射热进来，却不愿让里面的长波热辐射出去，于是和玻璃一样造成了温室效应。

据有些科学家的模型推算，如果大气中的二氧化碳的年增长率为4%，到2000年其浓度将增加到0.038%至0.04%，如果这种势头不加控制，到2050年还将增长到0.08%，这时全球的气温将上升1.5~4.5℃，从而引起南极冰帽的融解。

其实已有报告指出，在过去的25年内，南极的气温已上升了1℃，南极的冰川在退却，夏季时间有所延长，使南极的植物迅速繁殖。而且由于冰雪融化，长期被冰冻的种子解冻发芽，新的物种开始出现，南极正在变绿。

但是，南极冰川溶解会导致海平面上升，这会给世界上1/3的人带来灭顶之灾。按现在的情况推算，2050年海平面会上升20~140厘米，世界上最肥沃的大河三角洲就会被淹没，纽约、伦敦、东京、孟买、开罗等世界闻名的大城市将成为历史，而我国的大连、天津、青岛、上海、广州等城市也将不复存在。

此外，温室效应引起的全球气候变暖，还会引起降雨带北移，造成作物带和耕作区的变更，给人类带来灾难。物种应该是气候变暖的最先受害者，许多物种会随着气候的变暖而灭绝。而到那时，蟑螂、老鼠、跳蚤和苍蝇将会以惊人的速度繁殖，这将变成害虫的天下。

温室效应

温室效应，又称“花房效应”，是大气保温效应的俗称。大气能使太阳短波辐射到达地面，但地表向外放出的长波热辐射线却被大气吸收，这样就使地表与低层大气温度增高，因其作用类似于栽培农作物的温室，故名温室效应。自工业革命以来，人类向大气中排入的二氧化碳等吸热性强的温室气体逐年增加，其结果是形成一种无形的玻璃罩，使太阳辐射到地球上的热量无法向外层空间发散，导致全球气候变暖等一系列严重问题，引起了全世界各国的关注。

最好的气肥

一定范围内，二氧化碳的浓度越高，植物的光合作用也越强，因此二氧化碳是最好的气肥。美国科学家在新泽西州的一家农场里，利用二氧化碳对不同作物的不同生长期进行了大量的试验研究，他们发现二氧化碳在农作物的生长旺盛期和成熟期使用，效果最显著。在这两个时期中，如果每周喷射两次二氧化碳气体，喷上4～5次后，蔬菜可增产90%，水稻增产70%，大豆增产60%，高粱甚至可以增产200%。

气肥发展前途很大，但目前科学家还难以确定每种作物究竟吸收多少二氧化碳后效果最好。除了二氧化碳外，是否还有其他气体可作气体肥料？不过，有科学家发现，凡是在有地下天然气冒出来的地方，植物都生长得特别茂盛。于是他将液化天然气通过专门管道送入土壤，结果在两年之中这种特殊的气体肥料都一直有效。原来是天然气中的主要成分甲烷燃气起的作用，甲烷用于帮助土壤微生物的繁殖，而这些微生物可以改善土壤结构，帮助植物充分地吸收营养物质。

臭氧的两面性

臭氧又名三原子氧，俗称“福氧、超氧、活氧”，分子式是 O_3。臭氧在常温常压下，呈淡蓝色的气体，伴有一种有鱼腥臭的味道。臭氧的稳定性极差，在常温下可自行分解为氧气，因此臭氧不能贮存，一般现场生产，立即使用。臭氧是目前已知的一种广谱、高效、快速、安全、无二次污染的杀菌气体，可杀灭细菌芽孢、病毒、真菌等，并可破坏肉杆菌毒素。可杀灭附在水果、蔬菜、肉类等食物上的大肠杆菌、金黄色葡萄球菌、沙门菌、黄曲霉菌、镰刀菌、冰岛青霉菌、黑色变种芽孢、自然菌、淋球菌等，也可杀死甲、乙肝等传染病毒，还可以去除果蔬残留农药及洗涤用品残留物的毒性。臭氧能杀死病毒细菌，而健康细胞具有强大的平衡系统，因而臭氧对健康细胞危害较小。

臭氧是大气中的一种自然微量成分。它在空气中平均浓度，按体积计算，只有3%，且绝大部分位于离地面约20千米的高空。在那里，臭氧的浓度可达8%～10%，人们把那里的大气叫做臭氧层。

紫外线从多方面影响着人类健康，人体会发生如晒斑、眼病、免疫系统变化、变态反应和皮肤病（包括皮肤癌）等；紫外线可削弱光合作用，严重阻碍各种农作物和树木的正常生长……臭氧层可以抵御紫外线的侵袭。然而氟利昂的过量排放却造成了臭氧空洞，严重危害人类。

为了防止臭氧空洞进一步加剧，保护生态环境和人类健康，1990年各国制定了《蒙特利尔议定书》，对氯氟烃的排放量规定了严格的限制。世界上还为此专门设立国际保护臭氧层日。由此给人的印象似乎是受到保护的臭氧应该越多越好，令人爱恨交加的臭氧其实不是这样，如果大气中的臭氧，尤其是地面附近的大气中的臭氧聚集过多，对人类来说臭氧浓度过

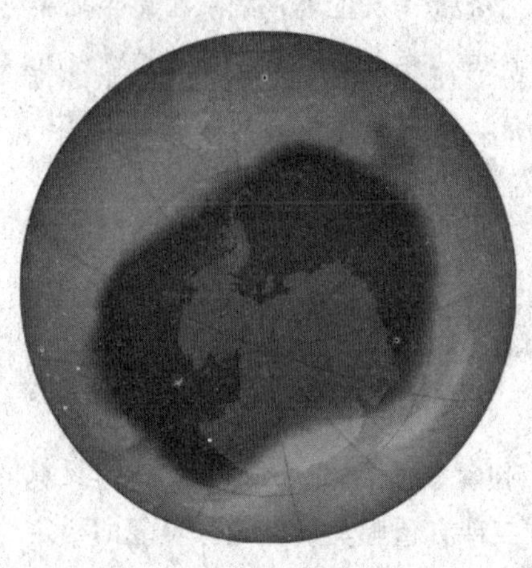
南极臭氧洞

高反而是个祸害。这些臭氧是从哪里来冒出来的呢？同铅污染、硫化物等一样，它也是源于人类活动，汽车、燃料、石化等是臭氧的重要污染源。在车水马龙的街上行走，常常看到空气略带浅棕色，又有一股辛辣刺激的气味，这就是通常所称的光化学烟雾。空气中臭氧浓度在0.012毫升/升（百万分之一）水平时——这也是许多城市中典型的水平，能导致人皮肤刺痒，眼睛、鼻咽、呼吸道受刺激，肺功能受影响，引起咳嗽、气短和胸痛等症状；空气中臭氧水平提高到0.05毫升/升，入院就医人数平均上升7%～10%。原因就在于，作为强氧化剂，臭氧几乎能与任何生物组织反应。当臭氧被吸入呼吸道时，就会与呼吸道中的细胞、流体和组织很快反应，导致肺功能减弱和组织损伤。对那些患有气喘病、肺气肿和慢性支气管炎的人来说，臭氧的危害更为明显。

从臭氧的性质来看，它既可助人又会害人；它既是上天赐予人类的一把保护伞，有时又像是一剂猛烈的毒药。我们既要采取措施保护臭氧层同时也要注意环境保护，共建和谐家园。

氟利昂

氟利昂是几种氟氯代甲烷和氟氯代乙烷的总称。其中最重要的是二氯二氟甲烷。氟利昂化学性质稳定，具有不燃、无毒、介电常数低、临界温度高、易液化等特性，因而被当作制冷剂、发泡剂和清洗剂，广泛用于家用电器、泡沫塑料、日用化学品、汽车、消防器材等领域。

氟利昂是破坏臭氧层的元凶。20世纪80年代后期，氟利昂的生产达到了高峰，产量达到了144万吨。在对氟利昂实行控制之前，全世界向大气中排放的氟利昂已达到了2000万吨。由于它们在大气中的平均寿命达数百年，所以排放的大部分仍留在大气层中，其中大部分仍然停留在对流层，一小部分升入平流层。在对流层相当稳定的氟利昂，在上升进入平流层后，在一定的气象条件下，会在强烈紫外线的作用下被分解，分解释放出的氯原子同臭氧会发生连锁反应，不断破坏臭氧分子。科学家估计一个氯原子可以破坏数万个臭氧分子。根据资料，2003年臭氧空洞面积已达2500万平方千米。臭氧层被大量损耗后，吸收紫外线辐射的能力大大减弱，导致到达地球表面的紫外线明显增加，给人类健康和生态环境带来多方面的危害。

面粉爆炸

也许你不会想到面粉也会爆炸，其实，面粉厂的爆炸事故从前是屡见不鲜的。面粉等粉尘为什么会引起爆炸？可以做一个简单的试验。在一个废铁罐的底边附近开一个小洞，插进橡皮管，皮管的前端放些干面粉，同时在罐内放一支点燃的蜡烛，把罐盖盖好，放到离人远一点的地方。然后用嘴对着橡皮管口向里一吹，爆炸就会发生，罐盖腾空飞起。面粉爆炸有两个条件。一个是干燥的面粉粉尘，在空气中的浓度达到每立方米20～25克；一个是有支持燃烧的氧和能够达到着火点的温度。面粉的粉尘爆炸温度只有400℃，相当于一张易燃纸的点火温度。车间内电动机皮带摩擦所产生的热现象，即可达到引爆的能量。另外粉碎机中的铁块，在粉碎机中经过碰撞发出火星，也可引发粉尘爆炸。悬浮在空气中的面粉、玉米粉、棉花、尘埃、木粉、酚醛塑料粉，达到激烈燃烧的条件，就会爆炸。所以在这种生产环境里，必须严禁烟火，并且做好防尘等工作。

"笑气"一氧化二氮

一氧化二氮，无色有甜味气体，又称笑气，是一种氧化剂，化学式 N_2O，在一定条件下能支持燃烧（同氧气，因为笑气在高温下能分解成氮气和氧气），但在室温下稳定，有轻微麻醉作用，并能致人发笑，能溶于水、乙醇、乙醚及浓硫酸。其麻醉作用于1799年由英国化学家汉弗莱·戴维发现。该气体早期被用于牙科手术的麻醉，是人类最早应用于医疗的麻醉剂之一。它可由 NH_4NO_3 在微热条件下分解产生，产物除 N_2O 外还有一种，此反应的化学方程式为：$NH_4NO_3 = N_2O\uparrow + 2H_2O$。等电子体理论认为 N_2O 与 CO_2 分子具有相似的结构（包括电子式），则其空间构型是直线型，N_2O 为极性分子。

1772年，英国化学家普利斯特列发现了一种气体。他制备一瓶气体后，把一块燃着的木炭投进去，木炭比在空气中烧得更旺。他当时把它当作"氧气"，因为氧气有助燃性。但是，这种气体稍带"令人愉快"的甜味，同无嗅无味的氧气不同；它还能溶于水，比氧气的溶解度也大得多。这种气体究竟是什么，成了一个待解的"谜"。

普利斯特列

事隔26年后的1798年，普利斯特列实验室来了一位年轻的实验员，他的名字叫戴维。戴维有一种忠于职责的勇敢精神，凡是他制备的气体，都要亲自"嗅几下"，以了解它对人的生理作用。当戴维吸了几口这种气体后，奇怪的现象发生了：他不由自主地大声发笑，还在实验室里大跳其舞，过了好久才安静下来。因此，这种气体被称为“笑气”。

戴维发现“笑气”具有麻醉性，事后他写出了自己的感受：“我并非在可乐的梦幻中，我却为狂喜所支配；我胸怀内并未燃烧着可耻的火，两颊却泛出玫瑰一般的红。我的眼充满着闪耀的光辉，我的嘴喃喃不已地自语，我的四肢简直不知所措，好像有新生的权力附上我的身体。”

不久，以大胆著称的戴维在拔掉龋齿以后，疼痛难熬。他想到了令人兴奋的笑气，取来吸了几口。果然，他觉得痛苦减轻，神情顿时欢快起来。

笑气为什么具有这些特性呢？原来，它能够对大脑神经细胞起麻醉作用，但大量吸入可使人因缺氧而窒息致死。

1844 年 12 月 10 日，美国哈得福特城举行了一个别开生面的笑气表演大会。每张门票收 0.25 美元。在舞台前一字排列着 8 个彪形大汉，他们是特地请来处理志愿吸入笑气者可能出现的意外事故。

有一个名叫库利的药店店员走上舞台，志愿充当笑气吸入的受试人。当库利吸入笑气后，欢快地大笑一番。由于笑气的数量控制得不好，他一时失去了自制能力，笑着、叫着，向人群冲去，连前面有椅子也未发现。库利被椅子绊倒，大腿鲜血直流。当他一时眩晕并苏醒后，毫无痛苦的神情。有人问他痛不痛，他摇摇头，站起身来就走了。

库利的一举一动，引起观众席上一位牙医韦尔斯的注意。他想，库利跌碰得不轻，为什么他不感到疼痛？是不是“笑气”有麻醉的功能？当时，还没有麻醉药，病人拔牙时和受刑差不多，很痛苦。于是，他决定拿自己来做实验。

一天，韦尔斯让助手准备拔牙手术器具，然后吸入“笑气”，坐到手术椅上，让助手拔掉他一颗牙齿。牙拔下了，韦尔斯一点也不觉得疼。于是，“笑气”作为麻醉剂很快进入医院，并被长期使用着。

加热或撞击硝酸铵可以生成一氧化二氮和水：$NH_4NO_3 = N_2O \uparrow + 2H_2O$。工业上对硝酸铵热分解可制得纯度95%的一氧化二氮。

1 个笑气分子与 6 个水分子结合在一起。当水中溶解大量笑气时，再把水冷却，就会有笑气晶体出现。把晶体加热，笑气会逸出。人们利用笑气这种性质，制高纯笑气。

氮气加速系统是由美国 HOLLEY 公司开发的产品。在目前世界直线加速赛中，为了在瞬间提高发动机功率，利用的液态氮氧化物系统正是 NOS，其实，早在二次世界大战期间德国空军已开始使用 NOS，战争结束后才逐渐被用于民用汽车的直线加速赛事中。

NOS 的工作原理是把 N_2O（一氧化二氮，俗称笑气）形成高压的液态后装入钢瓶中，然后在发动机内与空气一道充当助燃剂与燃料混合燃烧（N_2O 可放出氧气和氮气，其中氧气就是关键的助燃气体，而氮气又可协助降温），以此增加燃料燃烧的完整度，提升动力。

由于 NOS 提供了额外的助燃氧气，所以安装 NOS 后还要相应增加喷油量与之配合。正所谓“要想马儿跑得快，就要马儿多吃草”，燃料就是发动机的草，这样发动机的动力才得到进一步的提升。

NOS 与涡轮增压和机械增压一样，都是为了增加混合气中的氧气含量，提升燃烧效率从而增加功率输出，不同的是 NOS 是直接利用氧化物，而增压则是通过外力增加空气密度来达到目的的。也许有人会问为什么不直接使用氧气而用 N_2O 呢？那是因为用氧气难以控制发动机的稳定性（高温和爆发力）。

储存 N_2O 的专用储气罐净重约 6.7 千克，充满 N_2O 后约 11 千克。按照每次使用 1 分钟来算（专家建议 NOS 系统每次使用时间不可超过 1 分钟，一瓶气可用 3538 次），

根据一辆夏利 2000 的实际升级情况，其 1.342 升的 8A 发动机加装 NOS 后，其 0 ~ 100 千米/小时加速时间减少了 23%，而功率提升了 21 千瓦。

一氧化二氮是一种具有温室效应的气体，是《京都议定书》规定的 6 种温室气体之一。一氧化二氮在大气中的存留时间长，并可输送到平流层，同时，一氧化二氮也是导致臭氧层损耗的物质之一。

与二氧化碳相比，虽然一氧化二氮在大气中的含量很低，但其单分子增温潜势却是二氧化碳的 310 倍；对全球气候的增温效应在未来将越来越显著。一氧化二氮浓度的增加，已引起科学家的极大关注。目前，对这一问题的研究，正在深入进行。

普利斯特列

普利斯特列（1733－1804），英国化学家及神学家。幼年丧母，由其姑母抚养长大。他在一所私立学校里学习了拉丁语、法语、德语、意大利语等多种语言。阅读了宗教、数学、化学等书籍。在青年时代就开始担任牧师，但对化学十分爱好。由于他同情法国大革命，作了几次讲演，受到一些保守的英国人的反对，烧毁了他的住宅和实验室，使他不得不于1794年移居美国，成为美国公民，并在宾夕法尼亚大学担任化学教授。

他在化学、电学、哲学和神学等方面都有不少著作。1764年与1772年先后出版了《电学史》与《光学史》。他对化学的贡献是于1774年8月1日用凸透镜聚光，加热氧化汞时，发现了氧气。那时他是一位燃素说的坚持者，他把氧气称为"脱燃素气"。1774年，在他所写的《几种气体的实验和观察》一书中，详细地叙述了氧气的各种性质。

《京都议定书》

《京都议定书》是《联合国气候变化框架公约》的补充条款。是1997年12月在日本京都由联合国气候变化框架公约参加国三次会议制定的。其目标是"将大气中的温室气体含量稳定在一个适当的水平，进而防止剧烈的气候改变对人类造成伤害"。

发达国家从2005年开始承担减少碳排放量的义务，而发展中国家则从2012年开始承担减排义务。《京都议定书》需要在占全球温室气体排放量55%以上的至少55个国家批准，才能成为具有法律约束力的国际公约。中国于1998年5月签署并于2002年8月核准了该议定书。欧盟及其成员国于2002年5月31日正式批准了《京都议定书》。2004年11月5日，俄罗斯总统普京在《京都议定书》上签字，使其正式成为俄罗斯的法律文本。截至2005年8月13日，全球已有142个国家和地区签署该议定书，其中包括30个工业化国家，批准国家的人口数量占全世界总人口的80%。

引人注目的是，美国曾于1998年签署了《京都议定书》，但2001年3月，布什政府以“减少温室气体排放将会影响美国经济发展”和“发展中国家也应该承担减排和限排温室气体的义务”为借口，宣布拒绝批准《京都议定书》。

泉水治病的奥秘

在英国普利茅斯的乡下有一眼神奇的泉水，它曾经治好了许多奇怪的病人。有一个小伙子不知什么时候患上了一种怪病，整天处于虚幻的想象之中，常常兴奋地说个不停，手舞足蹈，狂笑不止，找遍了当地的医生都无济于事。最后，他的父母听从一个外地商人的劝告，带着病态的儿子来到普利茅斯，找到神泉。连续喝了几十天的泉水，年轻人的病好了，异常地平静，再也不到处瞎胡闹了。于是神泉的名声逐渐地大了，这引来许多好奇的人的关注，其中包括一些化学家和药物学家。

后来，澳大利亚的精神病学家卡特发现，这些泉水里含有一种元素锂。锂的化合物，特别是碳酸锂，可以治疗某些精神病——癫狂症，精神压抑症。患有这种精神病的人过分兴奋和过分压抑交替发生，发病往往很突然。

在寻找癫狂症——精神压抑症病因的过程中，卡特发现，由于甲状腺的过分活化或者过分不活化，均会引起这种精神失调症。他想，一种存在于尿中的物质可能是造成癫狂症和精神压抑症的主要原因。于是他将某些癫狂病人的尿的试样有控制地注射到几内亚猪的腹腔中去，猪果然中毒了。选用溶解度大的尿酸盐代替尿酸做实验，卡特意外地发现，注射尿酸锂溶液后，中毒概率大大下降。说明锂离子可以抵御尿酸产生的毒性。他进一步用碳酸锂代替尿酸锂，试验有力地证明了锂盐具有治疗癫狂症和精神压抑症的作用。用大量的 0.5% 碳酸锂水溶液对几内亚猪进行注射后，经过两小时，猪变得毫无生气，感觉迟钝，再用其他药物才能使它恢复正常活力。

1948 年，卡特开始把成果运用于临床，用碳酸锂治疗到他那儿来求医的精神病人。取得成功的典型例子是一位 51 岁的患者，他处在慢性癫狂式的兴奋状态足足 5 年了。他不肯休息、胡闹、捣乱，经常妨碍别人，因此成为长期被监护对象。经过 3 周的锂化合物疗治，他开始安定下来，继续服用两个月的锂药剂，就完全康复了，并且很快回到原来工作岗位。

山 泉

这样，人类终于解开了那神奇的能治好“中邪”病人的泉水之谜。从 1949 年以来，锂盐可以帮助数以十万的癫狂症——精神压抑症病人从痛苦中解脱出来，制药厂开始大量生产碳酸锂。

今天，虽然锂的作用机制还有待进一步探讨，它惊人的治疗效果是得到公认的。精神病素以难治出名，而伟大的卡特仅用一种简单的无机化合物就解除了千千万万人的痛苦，这是化学史上、医学史上的一个奇迹！

关于泉水治病，在内蒙古大草原上广泛流传的阿尔山宝泉的故事：许久以前，有个蒙族奴隶，受王爷之命去狩猎。随着弓弦响声，一头梅花鹿应声中箭。受了伤的梅花鹿，奋力跃进一处泉水里，挣扎着游上彼岸，竟没事似的，一溜烟逃得不见的踪影。

凶残的王爷，硬说奴隶故意放走了梅花鹿，打断了他的双腿，扔到野外去喂狼，这个奴隶发出阵阵悲怆的啸声，拖着断腿在草原上爬行，他找到了那处泉水，头无力地垂下，浸在水里，本能地吮吸着甘甜的泉水。奇迹出现了，他觉得伤口不那么痛了，一会儿便坐了起来，他用泉水洗涤伤口，几天后，断腿居然接好。这个成吉思汗的后代，彪悍的身躯站了起来……

这虽然是一种神奇的传说，但现代化学家们发现矿泉水中溶解了大量的矿物质元素，对多种疾病是有特殊疗效的。

现代医学研究表明，生理上不可缺少的矿物质化学元素，有 15 种之多。

钙能强筋壮骨，调适心跳频率、血凝速度和神经传导等功能；还可消除紧张，防止失眠。牛奶中含有丰富的钙质，睡前喝杯热奶，可催你进入梦乡。成人每天需 800 毫克钙，孕妇需 1200 毫克。缺钙的人，骨骼易折。

人体血液中，起输氧作用的血红素，就是一种含铁的物质。缺铁会引起贫血，使人气短、晕眩、倦怠，精力无法集中，影响工作和学习。芹菜等蔬菜、鸡蛋以及动物的肝脏里，都含有大量的铁，但这还远远不够，还必须口服一些维生素 E，作为补充。

人们都有这样的体验，十一二岁的孩子，女孩往往比男孩高许多。这是为什么呢？这个年龄的男孩，体内的锌元素，全部供性器官发育，再没有余力顾及骨骼的增长了。但青春期已过，男孩个儿突然超过女孩很多。“二十三，蹿一蹿”，这句俗语是有一定道理的。锌还能防止动脉硬化、皮肤疾病。缺锌可引起侏儒症、皮肤病等；癌症的成因，也与缺锌有关。应多吃一些富锌的食品，如海味、豆类、动物肝脏等。每天还可吃 15 ~ 30 毫克的硫酸锌或葡萄糖酸锌，以补偿人体发育之不足。

钠、钾的作用，早为人们所熟知；氟可促进血红蛋白的形成，可使钙在骨骼和牙齿中积聚；碘可防治甲状腺肿，镁能使肌肉富有弹性；铬、硒等稀有元素，可使人长寿……

人们为什么能生命不息？是矿物质化学元素的功劳。有人称颂矿物质化学元素是生命的源泉，一点也不过分。

贫 血

贫血是指全身循环血液中红细胞总量减少至正常值以下。但由于全身循环血液中红细胞总量的测定技术比较复杂，所以临床上一般指外周血中血红蛋白的浓度低于患者同年龄组、同性别和同地区的正常标准。国内的正常标准比国外的标准略低。沿海和平原地区，成年男子的血红蛋白如低于12.5g/dl，成年女子的血红蛋白低于11.0g/dl，可以认为有贫血。12岁以下儿童比成年男子的血红蛋白正常值约低15%，男孩和女孩无明显差别。海拔高的地区一般要高些。

造成贫血的主要原因：造血的原料不足；血细胞形态的改变；人体的造血功能降低；红细胞过多的破坏或损失。贫血在祖国医学属“虚证”范畴，常见有血虚、气虚、阴虚、阳虚。

温 泉

温泉是泉水的一种，是一种由地下自然涌出的泉水，其水温高于环境年平均温5℃。依化学组成分类，温泉中主要的成分包含氯离子、碳酸根离子、硫酸根离子，依这3种阴离子所占的比例可分为氯化物泉、碳酸氢盐泉、硫酸盐泉。除了这3种阴离子之外，也有以其他成分为主的温泉，例如重曹泉（重碳酸钠为主）、重碳酸土类泉、食盐泉（以氯化钠离子为主）、氯化土盐泉、芒硝泉（硫酸钠离子为主）、石膏泉（以硫酸钙为主）、正苦味泉（以硫酸镁为主）、含铁泉（白磺泉）、含铜、铁泉（又称青铜泉），其中食盐泉也称盐泉，可依含氯化物食盐的多寡，区分为弱食盐泉和强食盐泉。

泉水温度等于或略超过当地的水沸点的称沸泉；能周期性地、有节奏地喷水的温泉称间歇泉。中国已知的温泉点约2400多处。台湾、广东、福建、浙江、江西、云南、西藏等地温泉较多，其中最多的是云南，有温泉400多处。腾冲的温泉最著名，数量多，水温高，富含硫质。世界上著名的间歇泉主要分布在冰岛、美国黄石公园和新西兰北岛的陶波。

天壤之别的两兄弟

金刚石和石墨都是碳的单质，是同素异形体。在常温下，碳单质化学性质稳定，几乎与所有物质都不发生化学反应，但在高温下可以与许多物质发生反应。由于二者的化学结构不同，导致它们的性能有着天壤之别。

“硬度之王”金刚石

金刚石俗称“金刚钻”，也就是我们常说的钻石，它是一种由纯碳组成的矿物。金刚石是自然界中最坚硬的物质，因此也就具有了许多重要的工业用途，如精细研磨材料、高硬切割工具、各类钻头、拉丝模。金刚石还被作为很多精密仪器的部件。金刚石有各种颜色，从无色到黑色都有。它们可以是透明的，也可以是半透明或不透明。多数金刚石大多带些黄色。金刚石的折射率非常高，色散性能也很强，这就是金刚石为什么会反射出五彩缤纷闪光的原因。金刚石在X射线照射下会发出蓝绿色荧光。金刚石仅产于金伯利岩中。金伯利岩是金刚石，化学式为C，晶体形态多呈8面体、菱形12面体、4面体及它们的聚形，没有杂质时，无色透明，与氧反应时，也会生成二氧化碳，与石墨同属于碳的单质，素有“硬度之王”和宝石之王的美称。习惯上人们常将加工过的称为钻石，而未加工过的称为金刚石。在我国，金刚石之名最早见于佛家经书中。钻石是自然界中最硬物质，最佳颜色为无色，但也有特殊色，如蓝色、紫色、金黄色等。这些颜色的钻石稀有，是钻石中的珍品。印度是历史上最著名的金刚石出产国，现在世界上许多著名的钻石如“光明之山”、“摄政王”、“奥尔洛夫”均出自印度。金刚石的产量十分稀少，通常成品钻是采矿量的十亿分之一，因而价格十分昂贵。经过琢磨后的钻石一般有圆形、长方形、方形、椭圆形、心形、梨形、榄尖形等。世界上最重的钻石是1905年产于南非的“库里南”，重3106.3克拉，已被分磨成9粒小钻，其中一粒被称为“非洲之星”的库里南1号的钻石重量仍占世界名钻首位。

“奥尔洛夫”钻石

原生金刚石是在地下深处（130～180千米）高温（900℃～1300℃）高压下结晶而成的，它们储存在金伯利岩或榴辉岩中，其形成年代相当久远。南非金伯利矿、橄榄岩型钻石金刚石约形成于距今33亿年前，这个年龄几乎与地球同岁；而澳大利亚阿盖尔矿、博茨瓦纳奥拉伯矿，榴辉岩型的钻石虽说年轻，也分别已有15.8亿年和9.9亿年了。藏于如此大的地下深处达亿万年之久的钻石晶体要重见天日，得有助于火山喷发。熔岩流将含有钻石的岩浆带入至地球近地表处，或长途迁徙沉淀于河流沙土之中。前者形成的是原生管状矿，后者形成的则为冲积矿。这些矿体历经艰辛开采后，还需经过多道处理遴选，才可从中获得毛坯金刚石。毛坯金刚石中仅有20%可作首饰用途的钻坯，而大部分只能用于切割、研磨及抛光等工业用途上。有人曾粗略地估算过，要得到1克拉重的钻石，起码要开采处理250吨矿石，采获率是相当低的；如果想从成品钻中挑选出美钻，那两者的比率更是十分悬殊的了。

把任何两种不同的矿物互相刻划，两者中必定会有一种受到损伤。有一种矿物，能够划伤其他一切矿物，却没有一种矿物能够划伤它，这就是金刚石。金刚石为什么会有如此大的硬度呢？

直到18世纪后半叶，科学家才搞清楚了构成金刚石的材料。如前所述，早在公元1世纪的文献中就有了关于金刚石的记载，然而，在其后的1600多年中，人们始终不知道金刚石的成分是什么。

直到18世纪的70—90年代，才有法国化学家拉瓦锡（1743—1794）等人进行的在氧气中燃烧金刚石的实验，结果发现得到的是二氧化碳气体，即一种由氧和碳结合在一起的物质。这里的碳就来源于金刚石。终于，这些实验证明了组成金刚石的材料是碳。

知道了金刚石的成分是碳，仍然不能解释金刚石为什么有那样大的硬度。例如，制造铅笔芯的材料是石墨，成分也是碳，然而石墨却是一种比人的指甲还要软的矿物。金刚石和石墨这两种矿物为什么会如此不同？

这个问题，是在1913年才由英国的物理学家威廉·布拉格和他的儿子做出回答。布拉格父子用X射线观察金刚石，研究金刚石晶体内原子的排列方式。他们发现，在金刚石晶体内部，每一个碳原子都与周围的4个碳原子紧密结合，形成一种致密的三维结构。这是一种在其他矿物中都未曾见到过的特殊结构。而且，这种致密的结构，使得金刚石的密度为每立方厘米约3.5克，大约是石墨密度的1.5倍。正是这种致密的结构，使得金刚石具有最大的硬度。换句话说，金刚石是碳原子被挤压而形成的一种矿物。

碳是一种常见的元素。动植物的体内，甚至空气中，都含有大量的碳。我们的身体也不例外，其中也有大量的碳原子。人体内含有大约18%的碳。

然而，碳虽然是地面上常见的元素，在地球内部，数量却十分稀少。通过对太阳光谱和坠落到地球上的陨石所进行的分析，据推测，组成地球的化学元素，最多的是氧，接下来依次是硅、铝和铁。这4种元素占到了地球总质量的87%；若再加上钙、钠和钾3种元素，则总共占到了96%。剩下的4%，才是包括碳在内的其他所有的元素。

此外，组成地球的元素，质量越大的元素越倾向于聚集在地球的中心。碳是比较轻的元素，集中在地表附近，因而在地球深处基本上不会有碳。日本东京大学物性研究所专门研究地球深部结构的八木健彦教授说："地球自46亿年前诞生以来，内部存在的碳都是极其稀少的，因此，地球内部不会有很多形成金刚石的原材料。"

另一方面，科学家通过同位素分析还知道，在构成金刚石的材料中，至少有一部分是属于有机物遗留下来的碳。这意味着，在几亿到几十亿年前沉积到海底的浮游生物（动物和植物）的遗骸，随着构造板块的运动，它们从沉积层被带到地球的内部，那里就有可能形成金刚石。

八木教授说："总之，碳在地球内部属于微量元素，数量如此少，金刚石极其稀少也就不足为奇了。"

人类对金刚石的认识和开发具有悠久的历史。早在公元前3世纪古印度就发现了金刚石。因为钻石是由金刚石锤炼而成，自公元纪年起至今，钻石一直是国家与王宫贵族、达官显贵的财富、权势、地位的象征。

世界金刚石矿产资源不丰富，1996年世界探明金刚石储量基础仅19亿克拉，远不能满足宝石与工业消费的需要。20世纪60年代以来，人工合成金刚石技术兴起，至90年代日臻完善，人造金刚石几乎已完全取代工业用天然金刚石，其用量占世界工业用金刚石消费量的90%以上（在我国已达99%以上）。金刚石主要生产国为澳大利亚、俄罗斯、南非、博茨瓦纳和扎伊尔等。世界钻石的经销主要由迪比尔斯中央销售组织控制。

中国发现金刚石约在200～300年前，在明清朝之际（约17世纪），湖南省农民在河砂中淘到过金刚石。金刚石的地质勘查工作始于20世纪50年代。迄今，在中国发现的重量大于90克拉的著名金刚石有6颗，如重约158克拉的"常林钻石"等。

中国金刚石矿产资源比较贫乏，通过近50年的地质工作，仅在辽宁、山东、湖南和江苏4省探明了储量。截至1996年底，中国保有金刚石储量2 089.78万克拉，在世界上不占重要地位。在质量上，中国辽宁省所产金刚石质地优良，宝石级金刚石产量约占总产量的70%。20世纪90年代以来，中国年产金刚石10万～15万克拉，远不能满足本国消费的需要。国家所需工业用金刚石99%以上依赖国产人造金刚石，1997年中国人造金刚石产量达4.4亿克拉，天然工业用金刚石所占消费比重极为有限。

"软弱"的石墨

石墨是碳质元素结晶矿物，它的结晶格架为六边形层状结构。每一网层间的距离为3.40埃，同一网层中碳原子的间距为1.42埃。属六方晶系，具完整的层状解理。解理面以分子键为主，对分子吸引力较弱，故其天然可浮性很好。

石墨典型的层状结构，碳原子成层排列，每个碳与相邻的碳之间等距相连，每一层中的碳按六方环状排列，上下相邻层的碳六方环通过平行网面方向相互位移后再叠置形成层状结构，位移的方位和距离不同就导致不同的多型结构。金刚石、碳、碳纳米管等都是碳元素的单质，它们互为同素异形体。

石　墨

山东省莱西市为我国石墨重要产地之一，石墨探明储量687.11万吨，现保有储量639.93万吨。

石墨质软，黑灰色，有油腻感，可污染纸张。硬度为1~2级，沿垂直方向随杂质的增加其硬度可增至3~5级。密度为1.9~2.3，比表面积范围集中在1~20平方米/克，在隔绝氧气条件下，其熔点在3000℃以上，是最耐温的矿物之一。

自然界中纯净的石墨是没有的，其中往往含有SiO_2、Al_2O_3、FeO、CaO、P_2O_5、CuO等杂质。这些杂质常以石英、黄铁矿、碳酸盐等矿物形式出现。此外，还有水、沥青、CO_2、H_2、CH_4、N_2等气体部分。因此对石墨的分析，除测定固定碳含量外，还必须同时测定挥发分和灰分的含量。

石墨的工艺特性主要决定于它的结晶形态。结晶形态不同的石墨矿物，具有不同的工业价值和用途。工业上，根据结晶形态不同，将天然石墨分为3类。

(1) 致密结晶状石墨，又叫块状石墨。此类石墨结晶明显晶体肉眼可见。颗粒直径大于0.1毫米，比表面积范围集中在0.1~1平方米/克，晶体排列杂乱无章，呈致密块状构造。这种石墨的特点是品位很高，一般含碳量为60%~65%，有时达80%~98%，但其可塑性和滑腻性不如鳞片石墨好。

（2）鳞片石墨。石墨晶体呈鳞片状，这是在高强度的压力下变质而成的，有大鳞片和细鳞片之分。此类石墨矿石的特点是品位不高，一般在2%～3%，或10%～25%之间，是自然界中可浮性最好的矿石之一，经过多磨多选可得高品位石墨精矿。这类石墨的可浮性、润滑性、可塑性均比其他类型石墨优越，因此它的工业价值最大。

（3）隐晶质石墨，又称非晶质石墨或土状石墨。这种石墨的晶体直径一般小于1微米，比表面积范围集中在1～5平方米/克，是微晶石墨的集合体，只有在电子显微镜下才能见到晶形。此类石墨的特点是表面呈土状，缺乏光泽，润滑性也差。品位较高，一般的60%～80%，少数高达90%以上，矿石可选性较差。

“奥尔洛夫”钻石

“奥尔洛夫”钻石，这是目前世界第三大钻石，重189.62克拉。17世纪初，在印度戈尔康达的钻石砂矿中发现一粒重309克拉的钻石原石，根据当时印度国王的旨意，一位钻石加工专家拟把它加工成玫瑰花模样，但未能如愿，使重量损失不少。这颗美妙绝伦的钻石后来做了印度塞林伽神庙中婆罗门神像的眼珠。

1739年，印度被波斯攻占之后，这颗钻石又被装饰在波斯国王宝座之上。之后钻石被盗，落入一位亚美尼亚人手中。1767年，亚美尼亚人把钻石存入了阿姆斯特丹一家银行。1772年钻石又被转手卖给了俄国御前珠宝匠伊万。伊万于1773年以40万卢布的价格又把钻石卖给了奥尔洛夫伯爵。同年，奥尔洛夫伯爵把钻石命名为“奥尔洛夫”，并把它奉献给叶卡捷琳娜二世作为她命名日的礼物。尔后“奥尔洛夫”被焊进一只雕花纯银座里，镶在了俄罗斯权杖顶端。

无色墨水

有一瓶既不是蓝色，也不是红色，又不是黑色的墨水，而是一瓶像清水一样的无色墨水——奇妙的墨水！

用这种墨水写字之前，首先准备好一张白纸，用一支洗净的毛笔蘸取药用碘酒，涂在白纸上，结果白纸就染上了紫褐色，把染上紫褐色的纸晾干待用。

所谓奇妙墨水是一种叫硫代硫酸钠的浓溶液，带有5个结晶水的硫代硫酸钠晶体俗称海波，也有人叫它大苏打。硫代硫酸钠在照相、环境保护等方面有着重要的应用。

另用一支洗净的毛笔，蘸取上述硫代硫酸钠的浓溶液，在前面准备好的紫褐色纸上写字或绘图。你会很快发现，紫褐色的纸上竟留下了清晰而又十分别致的白色字或图画。

原来，硫代硫酸钠能与溶解在酒精里的紫褐色单质碘起化学反应，生成无色的连四硫酸钠和碘化钠溶液。这样紫褐色的碘最后就消失得无影无踪了，奇妙墨水的奥秘就在这里。

极大推动人类发展的铁

铁是地球上分布最广的金属之一，约占地壳质量的5.1%，居元素分布序列中的第四位，仅次于氧、硅和铝。

在自然界，游离态的铁只能从陨石中找到，分布在地壳中的铁都以化合物的状态存在。铁的主要矿石有：赤铁矿，含铁量在50%~60%之间；磁铁矿，含铁量60%以上，有亚铁磁性；此外还有褐铁矿、菱铁矿和黄铁矿，它们的含铁量低一些，但比较容易冶炼。中国的铁矿资源非常丰富，著名的产地有湖北大冶、东北鞍山等。

铁元素的发现：据说，当年耶路撒冷神庙落成后，所罗门王举行了盛大宴会，请所有参与施工的工匠赴宴。席间，所罗门王提出一个问题："谁在神庙的建造中贡献最大?"瓦工、木工、土工一一起身应答，都认为自己贡献最大。所罗门王见了大笑，分别问他们："你的工具是谁打造的?"结果他们的回答也都是一样的："铁匠打造的。"于是，所罗门王赐给铁匠一盅美酒，宣布："铁匠才是贡献最大的人!"这个传说告诉我们，大约在3000年前，铁已经在西亚发挥广泛的作用了。

铁是古代就已知的金属之一。铁矿石是地壳主要组成成分之一，铁在自然界中分布极为广泛，但人类发现和利用铁却比黄金和铜要迟。首先是由于天然的单质状态的铁在地球上非常稀少，而且它容易氧化生锈，加上它的熔点（1812℃）又比铜（1356℃）高得多，就使得它比铜难于熔炼。在融化铁矿石的方法尚未问世，人类不可能大量获得生铁的时候，铁一直被视为一种带有神秘性的最珍贵的金属。

铁矿石

大约距今5000多年，那时候的铁是从天而降的陨铁。陨铁是铁和镍、钴等金属的混合物，其中含铁的百分比常高达90%以上。在埃及、伊朗和中国等地发现的最早铁器，经鉴定证明都是用陨铁打制的。为此，古代巴比伦人把铁称作"天上来的金属"；在希腊文里，"星"和"铁"是同一个词。更有意思的是，公元前16世纪的埃及人认为既然铁是从天而降的，那么天必然是由一个铁盘子构成的。

可使人十分奇怪的是，甚至到18世纪末时，欧洲许多学者还不相信天上会掉下铁来。即使是聪明绝顶的拉瓦锡，也还在1772年大放厥词："天上落下铁石是不存在的事。"联想到在历史上，有许多科学事实曾被人们反复认识，肯定、否定、再肯定……不由令人感叹：要认识一个真理是多么的困难啊!

由于陨铁的数量不多，所以初期的铁是很珍贵的，甚至有些地方把铁看得比金子还贵重。在阿拉伯人中就有这样的传说，天上的金雨落进沙漠就变成了黑色的铁。在埃及陵墓陪葬的珍宝中，有用铁珠子与金珠子交替串连而成的项链。还曾发现过公元前1250年，埃及法老致赫梯国王要求提供铁的一封信及赫梯国王的回信，回信中答应提供一把铁剑，但要求用黄金交换。

既然铁如此珍贵，就促使人类从坐等“天石”到主动向地球索铁。应该说，铁毕竟是地球上分布最广泛的元素之一，也是地壳中含量占第二位的金属，所以铁矿的发现是不难的。但要从铁矿石中把铁炼出来并不容易，因为铁的熔点较高，铁的化学性质又比铜活泼得多，将它从矿石中还原出来难度很大。

大约在公元前2000年，居住在亚美尼亚山地的基兹温达部落就已经开始使用冶炼所得到的铁了。估计是因为他们在冶炼铜矿石时采用了氧化铁为助熔剂，无意中还原出铁来的。后来，更多的地方掌握了炼铁技术，如，在公元前1400年的小亚细亚的赫梯人，在公元前1300年的两河流域的亚述人都掌握了这项技术。我国从东周时就有炼铁，至春秋战国时代普及，是较早掌握冶铁技术的国家之一。1973年在我国河北省出土了一件商代铁刃青铜钺，表明我国劳动人民早在3300多年以前就认识了铁，熟悉了铁的锻造性能，识别了铁与青铜在性质上的差别，把铁铸在铜兵器的刃部，加强铜的坚韧性。经科学鉴定，证明铁刃是用陨铁锻成的。随着青铜熔炼技术的成熟，逐渐为铁的冶炼技术的发展创造了条件。我国最早人工冶炼的铁是在春秋战国之交的时期出现的。这从江苏六合县春秋墓出土的铁条、铁丸和河南洛阳战国早期灰坑出土的铁锛均能确定是迄今为止的我国最早的生铁工具。生铁冶炼技术的出现，它对封建社会的作用与蒸汽机对资本主义社会的作用可以媲美。

铁的性能较青铜好，因此，铁一旦变得比较便宜时，人们便舍铜就铁了。大约在距今2500年前人类进入了铁器时代。这个“铁器时代”一直延续到了今天。

铁制工具的大量出现，社会生产力的显著提高，对社会的发展产生了巨大影响。有些民族因此而迅速地由原始社会过渡到奴隶社会。古希腊和罗马的奴隶社会，就是伴随铁器时代同步到来的。在古代中国，由于有更合适的农业条件，所以在拥有青铜工具后，便已进入奴隶社会，而一旦铁制工具取代青铜工具后，社会便又向封建制过渡。可以说，没有一种元素，能像铁这样，对人类社会的变更产生过如此重大的影响。恩格斯对铁就作过这样的评价："它是在历史上起过革命作用的各种原料中最后和最重要的一种原料。"

古代炼铁的原料是铁矿石和炭。把铁矿石和炭放在炉子里一起烧，矿石中的氧和炭合成二氧化碳跑掉了，剩下来的就是铁。最早的炼铁炉很小，让自然风吹进去，炉内温度不高，炼出来的是半熔状态的铁砣砣，还得用锤子不断敲打，去掉杂质，才能锤打成熟铁用具。当时世界各地的炼铁大抵都是这样的情况。

后来，聪明的中国人向前迈了一大步。英国的科学史家贝尔纳在他权威的《历史上的科学》一书中说："在古时候作为金属的铁都有一个很严重的缺点，就是炉中鼓风不够就熔不了它，所以浇铸就留给青铜独用了。例外的是中国，早在公元前 2 世纪，中国已能铸铁。"

其实，中国人的铸铁至少可上溯到公元前 513 年。那一年，晋国已能铸造刑鼎，就是将铁水注进模子中，铸成一只上面有刑书文字的铁鼎。当时的中国人将炼铁炉修得很大，用几只皮囊从四面鼓风进炉内，炉子温度提高了，铁矿石炼成铁水流出来，这就可以用翻砂的办法，把铁水浇在模子里铸成各种用具和兵器了。中国人发明的铸铁方法，欧洲人直到 13 世纪末才开始应用，他们是用水车带动风箱吹风的。

不过，虽说各大洲的人民几乎同时知道金、银和铜，但是对于铁的情况却不同。非洲中南部、美洲等地较亚洲、欧洲，用铁竟要晚上 2000 年。18 世纪英国著名航海家库克在抵达太平洋上的一些岛屿时，惊讶地发现当地居民竟然不识铁为何物，以致他的船员可以用一把破旧的铁刀从土著居民那里换取到一头猪！

最后要说的是，虽然人类很早就与铁为伴，但铁的真正崛起，却要晚至 18 世纪末：1778 年建成了第一座铁桥，1788 年采用了第一根铁管，1818 年第一艘铁船下水，1825 年第一根铁轨铺设。18 世纪铁的登峰造极的作品大约要算建于 1889 年的巴黎埃菲尔铁塔了。尽管当时很多人考虑到铁的易锈蚀，断定它的寿命不过数 10 年，可它终于笑傲百年风雨，至今仍雄峙在塞纳河畔，成为巴黎的一大标志景观。

陨铁

陨石是来自地球之外的“客人”。含石量大的陨星称为陨石，含铁量大的陨星称为陨铁。陨铁的主要成分是铁和镍；铁的含量一般在80%以上，镍的含量在4%～20%之间，所以很容易鉴别。因为地球上没有那种矿石能够通过直接熔炼提供含量这么高而且成分均匀的镍。目前世界上最大的陨铁是纳米比亚的戈巴陨铁，重约60吨。

早期人类冶炼技术不发达，无法从铁矿石冶炼得到铁，而地球自然界几乎没有单质铁的存在，所以陨铁一度是铁的唯一来源。直到近代，马来群岛地区的马来克力士剑依然有使用陨铁制造。马来人制克力士剑喜欢用陨铁，一是因为马来群岛上铁矿贫乏，且冶铁工艺不精，二是因为陨铁中含镍，可以增强刀身的坚利。

麦饭石

在中国内蒙古东部，有个三面环山、林茂草绿的小山村。居住在这里的人平均寿命在80岁以上。这里从来没有人得过气管炎、结核病、肝炎、各种毒疮和传染病。科技工作者发现，这是“保健石头”麦饭石的功劳。原来，这里的人长年饮用麦饭石水。明代医学家李时珍在《本草纲目》中记载：麦饭石味甘性温无毒，主治一切痈疽、发背……现代科学分析发现，麦饭石含有几十种对人体有益的微量元素，像锌、铜、铁、锰、钴、硅等，这是它具有强身健体功效的主要原因。

麦饭石的用处很多。把麦饭石放在水缸里，可增加水中溶解氧和微量元素，还有除氟、除垢及吸附水中有害物质的本领。日本研究人员把大肠杆菌注入麦饭石水中，经24小时后，水中的大肠杆菌死亡率达97.5%。麦饭石放在浴缸里，可以成为矿泉浴，能治疗皮肤病；把它放在冰箱里，可以吸除异味。用来养鱼、养花，能增强鱼的活力，又是花的长效基肥。日本人还把麦饭石装在纱布袋里，同大米一起蒸煮，蒸出来的米饭白度高、营养丰富、味香可口，成了矿物营养饭食。

不可小觑的铝

19世纪中期的一天，法国皇帝拿破仑三世，就是曾威震欧洲的拿破仑的外甥，在宫廷中举行了一次盛大的宴会。宴席上，在各位客人的面前，都摆上了精致的银制餐具，在明晃晃的烛光辉映下，这些银器反射出银色的光芒。可是，离皇上近的客人们都注意到了：皇上面前摆的银色餐具却没有光泽。客人们骚动起来，窃窃私语。拿破仑三世见状告诉大家：这套餐具是用一种新金属铝制成的，由于它的价值远远超过金银，所以非常抱歉，今天不能让客人们都用上它。“啊，铝！”听说过的和未听说过的客人都兴奋起来了。据说宴会的高潮是客人们举起自己的银杯一一与皇上的铝杯碰杯，以稍稍满足自己对铝的欲望。

铝是地壳中含量很多的金属，占到地壳总重量的7.45%，比铁几乎多1倍。在100多年前，为何会如此贵重呢？

因为它的性质很活泼，它与氧结合紧密，赖在矿石中死活也不肯出来，提炼它非常困难。为把这活泼的铝从矿石中拽出来，人们做过许多努力。

1827年，乌勒兴致勃勃地就提炼铝的问题，去哥本哈根拜访奥斯特。尽管奥斯特告诉他不打算继续搞这项试验了，乌勒仍兴致盎然，一返回德国就立即全力以赴，终于在这一年年底时用钾还原无水氯化铝获得了少量灰色粉末状的铝。乌勒坚持将实验进行下去，在18年后的1845年，他终于提炼出了一块致密的铝块来。

但是，乌勒制取铝的方法不可能应用于大量生产。这样制得的铝产量极少，价格昂贵，正如前面所述，用铝做成的餐具仅能供皇帝享用。作为至尊至贵的皇帝，竟然不能满足客人使用铝制餐具的要求，这使拿破仑三世深为遗憾。他找来了法国化学家德维尔："先生，您是否能找到一种大量制取铝的方法，可使我的每位客人面前都能摆上铝餐具，甚至能使我的卫兵戴上铝头盔呢？"

拿破仑三世拨给德维尔大量经费。终于，德维尔不负所托，1854 年在乌勒实验基础上用钠代替钾还原出了金属铝，开始了铝的工业生产。1855 年，在巴黎举行的世界博览会上，有一小块铝放置在最珍贵的珠宝旁边，它的标签上注明着"来自黏土的白银。"它，就是德维尔的成果。德维尔的纯铝为法国皇帝带来了极大的荣耀，拿破仑三世骄傲地宣告："我们法国人是发现铝的捷足先登者！"德维尔却不愿掠人之美，他亲手用铝铸造了一枚纪念章，上面刻着乌勒的名字、头像和"1827"这个年份，作为礼物郑重地赠给他的德国同行和先驱。两人由此成了亲密的朋友。

人称"德维尔的银子"的铝在巴黎世界博览会上的展出，意味着铝已迈入了世界市场的大门。

1914 年，第一次世界大战正在法国北部激烈地进行。一天拂晓，在前线的英法联军发现德国的齐柏林飞艇部队旋风般地掠过天空。飞艇巨大的身躯就像怪物一样压在人们心头，战场上顿时一片惊恐。联军司令部要求高炮部队不惜任何代价也要击落德军齐柏林飞艇。因为它的出现向英国和法国人提出了一系列问题：为什么齐柏林飞艇能带那么多炸弹？又能飞得那么高、那么远？制造这种飞艇用的金属材料究竟是什么？终于一架飞艇被击落，使科学家获得了宝贵的第一手材料。飞艇的秘密终于揭开了。制飞艇的金属材料是铝的合金——杜拉铝。它是德国哥廷根大学沃拉教授的助手阿·威廉于 1907 年 5 月在一次偶然的机会中发现的产物。其构架是一种添加了 4% 的铜及少量镁、锰的铝合金，经高温淬火，时效硬化处理后而成的一种硬铝，后在杜拉实现了工业化，故命名为杜拉铝。

20 世纪初杜拉铝的诞生，为崭露头角初试锋芒的航空工业带来了蓬勃生机。铝以压倒群芳的优势一举摘取了飞行材料霸主的桂冠。1912 年当德国科学家雷斯涅尔设计了世界第一架铝飞机后，各国的军用飞机相继采用

杜拉铝材质外壳

此种材料。以德国霍克战斗机和多次深入奥、匈帝国建立奇功的加勃罗列加轰炸机以及日本的零式战斗机和曾在广岛、长崎上空投原子弹的B－29美制远程轰炸机为代表的机种，在设计、制造和取材上都无愧是第一二次世界大战中铝制材料飞机的佼佼者。特别是日本的零式战斗机所使用的超硬铝（ESD），强度可达60～75千克/平方毫米。其制铝技艺之精湛，至今也堪称一绝，与后来英法合制的超音速协和式飞机相比也毫无逊色。

随着飞机工业的发展，铝工业形成空前繁荣局面。铝产量由1916年9个国家的13万吨猛增到1943年19个国家的195万吨。1952年更达到203万吨，超过二战时最高产量。

丰富的铝材，促进了航空技术的发展，又使传统的铝合金在阻滞飞速跃升的音障和热障的挑战面前力不胜任。为此，一批新的高强度合金、高疲劳性能合金、高刚度合金、耐热合金和低密度合金等铝材料相继应运而生，其综合性能可与钛合金相媲美。如铝锂合金，以其卓越的较低密度，较高的比刚度和比强度等性能，使飞机减重10%～20%，同时为高超音速航天飞机能像飞机一样从跑道起飞并达到轨道速度的设想，在材料上提供了希望。

由于铝合金成本低、工艺性能好，故仍不失为结构材料中呼声较高的现代飞机最佳材料。目前一架现代化的超音速飞机，铝合金的重量要占总重量的70%左右。以超过2倍音速飞行的“协和式”客机，用铝材料达220吨。1970年6月美国研制的B－1战略轰炸机用铝为112吨。

在航天飞行器中铝合金也得到广泛应用。我国的第一颗人造地球卫星“东方红”1号的外壳就是铝合金制成的。美国“阿波罗”11号宇宙飞船使用的金属材料中，铝合金占75%；航天飞机的骨架桁条和蒙皮舱壁绝大部分也都用铝合金作结构材料。无怪于人们把铝称作“飞行金属”。

在铝合金材料得到“空中骄子”美誉的同时，有“陆地堡垒”之称的坦克也格外钟情于它。20 世纪 50 年代，英国进行的有关均质铝装甲材料 D54S 和 E74S 与 IT80 装甲钢的防护性能的实验表明：在相同面密度的情况下，对榴弹破片的防护能力铝装甲优于钢甲，随着弹丸直径的增大，入射角在 30°~45°范围之外，铝装甲防护的优越性就更为突出，而且铝合金具有强、硬、韧等特点，与同等防护力的钢装甲相比重量可减少 60% 以上。铝可以紧密结合，能减少车体结构的脆弱区。在铝板的近表层加铸钢条的装甲制造工艺，还可使穿甲弹命中时发生方向偏转能有效地对付长杆滑膛炮弹对坦克的攻击。

在 70 年代中期，随着英国耗资 600 万英镑研制出钢、铝、陶瓷复合而成的乔巴姆装甲后，铝装甲已由装甲输送车发展到轻型坦克、步兵战车和中型主战坦克。美国的 M2 型步兵战车，英国的 FV－10 型蝎式轻型坦克和“勇士”式中型主战坦克都是其中的佼佼者。我国早在 60 年代中即开始了铝装甲材料的研制，一种新型的 5210 铝装甲已在部分战车上使用。

铝除了被用于防护装甲外，为了节约能耗，减轻重量，提高速度，增加载重，坦克内的许多重要部件都相继出现“铝化”的趋势。以英国“蝎式”坦克为例，其平衡肘连杆底座、刹车盘、转向节、引导轮、负重轮、炮塔座圈、烟幕发射器、弹药架和贮藏舱等均为铝合金制品，重量较钢结构的可减轻一半以上。

杜拉铝

杜拉铝是一种含铝（90% 以上）、铜（约 4%）、少量镁和锰的合金的商品名称。主要用于飞机工业。1906 年，法国工程师维尔姆在一次实验中，发现含有一定成分其他金属的铝合金其硬度和强度均有所增加，这就是第一种铝合金，后来由杜拉金属公司制造成功，故称为杜拉铝。杜拉铝属于可热处理强化铝合金，具有较高的力学性能，适于制造飞机的构件，如蒙皮、壁板、桁条、翼肋等。

铝热反应

铝热反应是一种利用铝的还原性获得高熔点金属单质的方法。可简单认为是铝与某些金属氧化物在高热条件下发生的反应。铝热反应常用于冶炼高熔点的金属，并且它是一个放热反应，其中镁条为引燃剂，氯酸钾为助燃剂。镁条在空气中可以燃烧，氧气是氧化剂。但插入混合物中的部分镁条燃烧时，氯酸钾则是氧化剂，以保证镁条的继续燃烧，同时放出足够的热量引发氧化铁和铝粉的反应。

铝热反应有一定的危险性，如果没有较好有效的防火和耐高温措施，不适合在家里或房间里做该实验，否则容易造成化学烫伤、化学爆炸等事故。进行反应时，容易造成剧烈反应的金属氧化物，如二氧化锰等，建议不要用相机进行拍摄，如需拍摄分析，最好用耐强光的镜头，或在镜头上装上黑色胶片等。

“大地女神之子”钛

1791年英国分析化学家格列高尔在铁矿砂中发现一种新的金属，这种金属具有当时已知的任何金属都不具备的奇特性质。1795年德国的化学家马丁·克拉普特对这种金属又进行了深入的研究，并根据希腊神话中大地女神之子的名字“泰坦”，给这种金属起了个名字叫钛。他坚信钛这位“大地女神之子”一定不会辜负它“母亲”的愿望，为人类做出新的贡献。很久以来，人们曾认为钛极其稀少，一直把它称为“稀有金属”。

其实，钛占地壳元素组成的6‰，是第四位大量存在的金属。不但地球上有钛，从月球上采集的岩石标本中也含有丰富的钛。从矿石中提炼钛，不是一件简单容易的事，目前一般采用的方法是：利用镁对氯的化合力比钛强的特点，在高温下用熔融状态的镁从气态的四氯化钛中将氯夺出来，

钛矿石

这样就得到单质钛。用这种方法制得的钛疏松多孔，呈海绵状，人称“海绵钛”。将“海绵钛”在真空下或惰性气体中熔化提炼，便可获得较纯净和致密的钛。钛比铝密度大一点，但硬度却比铝高2倍，如制成合金，则强度可提高2~4倍。因此，它非常适于制作飞机、航天器的外壳及有关部件等。目前，世界上每年用于宇航工业的钛已达到1000吨以上。在美国“阿波罗”宇宙飞船中，使用的钛材料占整个材料的5%。因此钛常被称为“空间金属”。钛不但能帮助人类上天，还能帮助人类下海。

由于它既能抗腐蚀，又具有高强度，还可避免磁性水雷的攻击，因此钛成了造军舰和潜艇的好材料。1977年，前苏联用3500多吨钛建造当时世界上速度最快的核潜艇；美国海军用钛合金制成深海潜艇，能在4500米的深海中航行。钛和一些金属制成合金在低温下会出现几乎没有电阻、通电也不发热的“超导现象”。这在电讯工业上是极为宝贵的。如钛和铌制成的合金，是目前使用最广、研究也最多的一种超导材料。美国目前生产的超导材料，有90%是用钛铌合金做的。钛有这样一种非常难得的性质：如果把它植入人体，能和人体的各种生理组织及具有酸、碱性的各种体液“友好相处”，不会引起各种不良反应。这种高度稳定性和与人类骨骼差不多的密度，使它成为外科医生最理想的人造骨骼的材料。

钛还有许多非凡的本领。有的钛合金居然具有“吸气”的能耐，能大量吸收氢气，成为贮存氢气的好材料，为氢气的利用创造了条件；有的钛合金具有“超塑性”，可以很容易地加工成任何形状，等等。由于钛在提炼方法和应用加工上还有许多问题需要解决，世界上成千上万的科学家仍在努力探索这位“大地女神之子”的奥秘。

随着科技水平的提高，钛的冶炼提纯方法将会得到改进，在不久的将来，钛的产量会迅速增加，成为仅次于铁和铝的“第三大金属”；钛的应用也会更加广泛，成为名副其实的“21 世纪金属”。“大地女神之子”将更加光彩夺目！

磁性水雷

磁性水雷是最早诞生的一种非触发水雷。世界上最早的磁性水雷是由德国在二战前夕首先研制成功的。它装有磁针引信，可感应一定距离内通过的舰船所形成的磁场。因为海洋上航行的舰船大都用钢铁制造的，犹如一浮动的“大磁铁”。钢铁内部含有无数微小的磁区，而地球是个大磁体，地面空间充满了磁场。这磁场对钢铁内的磁区有着磁力作用。当发生碰撞时，钢铁内的磁区就会受到震动，磁区与磁区之间就有机会稍微松开，摩擦力也因松开而减小，这样磁区就受地球的磁力而被扭向同一方向，于是就产生了磁性。舰船在建造时，构成船体的钢板和其他铁块会因经常的敲击而被地球的磁场逐渐磁化，从而带上磁性。舰船下水后，就会成为一个浮动的大磁体。当舰船驶入布设有磁性水雷的水域时，磁性水雷上的磁针受到舰船磁场的作用而发生转动，接通起爆电路，水雷就会起爆。

钛合金的热处理工艺

钛合金的热处理工艺可以归纳为：

(1) 消除应力退火：目的是为消除或减少加工过程中产生的残余应力。防止在一些腐蚀环境中的化学侵蚀和减少变形。

(2) 完全退火：目的是为了获得好的韧性，改善加工性能，有利于再加工以及提高尺寸和组织的稳定性。

（3）固溶处理和时效：目的是为了提高其强度，α 钛合金和稳定的 β 钛合金不能进行强化热处理，在生产中只进行退火。α + β 钛合金和含有少量 α 相的亚稳 β 钛合金可以通过固溶处理和时效使合金进一步强化。

此外，为了满足工件的特殊要求，工业上还采用双重退火、等温退火、β 热处理、形变热处理等金属热处理工艺。

月亮般的金属——银

在古代，人类就对银有了认识。银和黄金一样，是一种应用历史悠久的贵金属，至今已有 4000 多年的历史。由于银独有的优良特性，人们曾赋予它货币和装饰双重价值，英镑和新中国成立前用的银元，就是以银为主的银、铜合金。

纯银是一种美丽的白色金属，银的化学符号 Ag，来自它的拉丁文名称 Argentum，是“浅色、明亮”的意思。它的英文名称是 Silver。

银白色，光泽柔和明亮，是少数民族、佛教和伊斯兰教徒们喜爱的装饰品。银首饰亦是全国各族人民赠送给初生婴儿的首选礼物。近期，欧美人士在复古思潮影响下，佩戴着易氧化变黑的白银镶浅蓝色绿松石首饰，给人带来对古代文明无限美好的遐思。而在国内，纯银首饰亦逐渐成为现代时尚女性的至爱选择。银是古代就已经知道的金属之一。银比金活泼，虽然它在地壳中的丰度大约是黄金的 15 倍，但它很少以单质状态存在，因而它的发现要比金晚。在古代，人们就已经知道开采银矿，由于当时人们取得的银的量很小，使得它的价值比金还贵。公元前 1780 至 1580 年间，埃及王朝的法典规定，银的价值为金的 2 倍，甚至到了 17 世纪，日本金、银的价值还是相等的。银最早用来做装饰品和餐具，后来才作为货币。

银，永远闪耀着月亮般的光辉，银的拉丁文原意，也就是“明亮”的意思。我国也常用银字来形容白而有光泽的东西，如银河、银杏、银鱼、银耳、银幕等。

银是人类不可或缺的重要金属。利用太阳能来发电，喷气式飞机的引擎，操作电子计算机，发动汽车，等等，银在现代科学技术下，获得了日新月异的发展；然而，银又是一种稀有贵重的金属，在1000多米深的地下，采掘1吨矿石才能取得仅50克的银。

银 器

用银制成日用器具称为银器，由于银很软，一般需要使用标准银，也就是用925份银和75份铜合成的合金。用标准银制作的银器是珍贵的艺术品，具有很大的实用价值，为大多数收藏家所关注。将这种光亮的金属捶成箔，10万张叠起来也不过2厘米厚，还可在如此薄的银器上蚀刻雕镂，也可拉成细丝如发。这些光泽明亮、玲珑剔透的银器在今天非常值钱。二次大战后才制作的银汤匙，当时值3.5美元，而今价值20多美元。以前，银的用途主要是硬币、首饰、纪念品、餐具等，今天，银展现出日新月异的变化，其用途广泛之极。

蒙古人爱用银碗盛马奶来招待客人，以表示对客人的友谊像银子那样纯洁，像马奶那样洁白。奇怪的是，银碗好像有什么魔术似的，牛奶、食物一放在银碗里面，它的保存时间就会长得多。用银壶盛放的饮水，甚至可以保持几个月也不腐败。这是怎么回事呢？一般人都以为，银子是不会溶解于水的。其实，世界上绝对不溶于水的东西几乎是没有的。银子和水会面以后，总会有微量的银进入水中，成为银离子。银离子是各种细菌的死对头，一升水中只要有五百亿分之一克的银离子，就足以叫细菌一命呜呼了。没有细菌的兴风作浪，食物自然就不容易腐败了。

当你游泳时，给眼睛滴入一滴棕色的蛋白银溶液，可以使你免除因游泳而害眼病。现代医学也看中了银离子的杀菌本领，比如磺胺药中的磺胺嘧啶银，由于分子中有了银，使它的抗菌本领大大增强，当烧伤、烫伤病人的创面发生感染，使用磺胺嘧啶银能很好地控制感染，使人类在对付创面感染的“战斗”中，增添了一种有效的“武器”。银是摄影不可缺少的材料。胶片上的银化合物薄膜只要在一丝微光下便会强裂曝光，银离子能将光量放大10亿倍。从成像的效果和功能来看，银是摄影当中任何其他金属化合物不能替代的，而且一张底片所需银又是微乎其微的。医学上透视用的X光也是靠银的作用成像于底片上的。

银具有强杀菌能力，是良好的保健用品。在净水方面一茶匙银能净化260亿升水，功效胜过氯的10倍。美国已决选用银在未来太空交通船中作净水剂。银在具有强杀菌力的同时对人无伤害。医生用1%硝酸银溶液滴入新生婴儿眼中，防治能导致失明的感染。严重的灼伤病人需用银化合物消炎，外科医生用银线缝合伤口，用银带扎缚骨骼，用银片补脑壳上的洞等。

银的导电性能优越，光滑而不易氧化，因此，银是最好的导线。从细小的助听器到庞大的电站系统、发电厂，都是用银作接触金属的地方。汽车因为装上了银制的钮形装置，改变了从前靠摇转曲柄发动。现在一扭开关就能发动。

厨房的电灶也采用类似小银盘作开关，电话机也是如此。试想，如果没有银，我们打不通电话，看不到电视，开不亮电灯，打不开电灶，也不能使用冰箱，人类生活真是索然无味了！

在航空方面不仅用银配制接触装置，也利用银的强结合力焊接钢和铝等零件。

银锌电池功率比普通电池多20倍。体重3千克多的银锌电池不过手掌那么大，却可以供在太空行走时维持设备所需电力，像灌输氧供呼吸用，推动太空衣内冷却剂，发出信号记录心跳情况等。

银制电池输出电量多是良好的能源。而用银制的镜面聚焦太阳能可以获很高热能，许多面银镜聚焦太阳能，转汇到巨炉中，产生的高温达3800℃，能在50秒内烧穿1厘米厚的钢板；而且用这种太阳热能精炼物质纯度极高，广泛地用于超级耐熔材料，供应鼓风机、核子工厂、喷气机和火箭之需。用这样聚集的太阳能发电已经成为现实，许多农户利用屋顶来制成银镜，利用太阳能发电既安全又便宜。

X 射线

X 射线也就是 X 光，是波长介于紫外线和 γ 射线间的电磁辐射。波长很短，只有约为（20 ~ 0.06）$\times 10^{-8}$厘米之间。由德国物理学家伦琴于 1895 年发现，故又称伦琴射线。X 射线具有很高的穿透本领，能透过许多对可见光不透明的物质，如墨纸、木料等。这种肉眼看不见的射线可以使很多固体材料发生可见的荧光，使照相底片感光以及空气电离等效应，波长越短的 X 射线能量越大，叫做硬 X 射线；波长长的 X 射线能量较低，称为软 X 射线。波长小于 0.1 埃的称超硬 X 射线，在 0.1 ~ 1 埃范围内的称硬 X 射线，1 ~ 10 埃范围内的称软 X 射线。X 射线用来帮助人们进行医学诊断和治疗，用于工业上的非破坏性材料的检查。

水银

汞（Hg），又称水银，在各种金属中，汞的熔点是最低的，只有 -38.87℃，也是唯一在常温下呈液态并易流动的金属，质感犹如果冻。汞在自然界中分布量很小，被认为是稀有金属。汞的 7 种同位素的混合物。具有强烈的亲硫性和亲铜性，即在常态下，很容易与硫和铜的单质化合并生成稳定化合物，因此在实验室通常会用硫单质去处理撒漏的水银。

汞的用途较广，冶金工业常用汞齐法（汞能溶解其他金属形成汞齐）提取金、银和铊等金属。化学工业用汞作阴极以电解食盐溶液制取烧碱和氯气。汞的一些化合物在医药上有消毒、利尿和镇痛作用，汞银合金是良好的牙科材料。在中医学上，汞用作治疗恶疮、疥癣药物的原料。汞可用作精密铸造的铸模和原子反应堆的冷却剂以及镉基轴承合金的组元等。由于其密度非常大，物理学家托里拆利利用汞第一个测出了大气压的准确数值。

“孪生兄弟”铌与钽

把铌、钽放到一起来介绍是有道理的，因为它们在元素周期表里是同族，物理、化学性质很相似，而且常常伴生在一起，真称得上是一对惟妙惟肖的“孪生兄弟”。

1801 年，英国化学家哈奇特发现铌；1802 年，瑞典化学家埃克贝里发现钽。当时的人以为它们是同一种元素。以后大约过了 43 年，人们用化学方法第一次把它们分开，这才弄清楚它们原来是两种不同的金属。

元素周期表

原子序数—92 U—元素符号，红色指放射性元素
元素名称—铀
注·的是人造元素
金属　半金属　非金属　过渡元素

周期\族	ⅠA	ⅡA	ⅢB	ⅣB	ⅤB	ⅥB	ⅦB	Ⅷ			ⅠB	ⅡB	ⅢA	ⅣA	ⅤA	ⅥA	ⅦA	0
1	1 H 氢																	2 He 氦
2	3 Li 锂	4 Be 铍											5 B 硼	6 C 碳	7 N 氮	8 O 氧	9 F 氟	10 Ne 氖
3	11 Na 钠	12 Mg 镁											13 Al 铝	14 Si 硅	15 P 磷	16 S 硫	17 Cl 氯	18 Ar 氩
4	19 K 钾	20 Ca 钙	21 Sc 钪	22 Ti 钛	23 V 钒	24 Cr 铬	25 Mn 锰	26 Fe 铁	27 Co 钴	28 Ni 镍	29 Cu 铜	30 Zn 锌	31 Ga 镓	32 Ge 锗	33 As 砷	34 Se 硒	35 Br 溴	36 Kr 氪
5	37 Rb 铷	38 Sr 锶	39 Y 钇	40 Zr 锆	41 Nb 铌	42 Mo 钼	43 Tc 锝	44 Ru 钌	45 Rh 铑	46 Pd 钯	47 Ag 银	48 Cd 镉	49 In 铟	50 Sn 锡	51 Sb 锑	52 Te 碲	53 I 碘	54 Xe 氙
6	55 Cs 铯	56 Ba 钡	57–71 La–Lu 镧系	72 Hf 铪	73 Ta 钽	74 W 钨	75 Re 铼	76 Os 锇	77 Ir 铱	78 Pt 铂	79 Au 金	80 Hg 汞	81 Tl 铊	82 Pb 铅	83 Bi 铋	84 Po 钋	85 At 砹	86 Rn 氡
7	87 Fr 钫	88 Ra 镭	89–103 Ac–Lr 锕系	104 ·	105 ·	106 ·	107 ·											

镧系	57 La 镧	58 Ce 铈	59 Pr 镨	60 Nd 钕	61 Pm 钷	62 Sm 钐	63 Eu 铕	64 Gd 钆	65 Tb 铽	66 Dy 镝	67 Ho 钬	68 Er 铒	69 Tm 铥	70 Yb 镱	71 Lu 镥
锕系	89 Ac 锕	90 Th 钍	91 Pa 镤	92 U 铀	93 Np 镎	94 Pu 钚	95 Am 镅·	96 Cm 锔·	97 Bk 锫·	98 Cf 锎·	99 Es 锿·	100 Fm 镄·	101 Md 钔·	102 No 锘·	103 Lr 铹·

元素周期表

铌、钽均是稀有高熔点金属，它们的性质和用途有不少相似之处。

既然被称作稀有高熔点金属，铌、钽最主要的特点当然是耐热。它们

的熔点分别高达2467℃和2980℃，不要说一般的火势烧不化它们，就是炼钢炉里烈焰翻腾的火海也奈何它们不得。难怪在一些高温高热的部门里，特别是制造1600℃以上的真空加热炉里，钽金属是十分合适用做炉内支撑附件、热屏蔽、加热器和散热片等的材料。

作为一种重要的合金元素，铌已广泛地应用到普通低合金钢、无磁钢、低温钢、耐蚀钢、弹簧钢、轴承钢等钢种里，用量要占世界铌总消费量的86%以上。在这些钢里，铌通过晶粒细化、沉淀强化等作用，不仅改善了它们的抗腐蚀、抗氧化、抗磨损等性能，而且有效地提高了它们的强度。比如，普通低合金钢里只要加进万分之几的铌，就能提高强度10%~20%，再加上其他性能的改善，1吨含铌高强低合金钢可以顶1.2~1.3吨普通钢使用，现已广泛用到汽车制造、石油管道、机械制造以及海洋、地质、化工等领域中。同样，铸铁中添加了铌，由于能制成坚硬耐磨的碳氮化铌，结果提高了强度，延长了使用寿命。

铌、钽合金的塑性好，加工和焊接性能优良，能制成薄板和外形复杂的零件，用作航天和航空工业的热防护和结构材料。比如，含铌、镍、钴的超级合金，可用来制作喷气发动机的部件，用作宇宙飞船及其重返大气层时的耐高温结构材料，钽钨、钽钨铪、钽铪合金用作火箭、导弹和喷气发动机的耐热高强材料以及控制和调节装备的零件等。目前研制新型的高温结构材料，开始把注意力更多地转向铌、钽，许多高温高强合金都有这一对“孪生兄弟”参加，它们的产量正在进一步增长。

此外，铌和铌合金抗得住熔融碱金属的腐蚀，对核燃料的相容性又好，可以用做核反应堆材料。钽的硼化物、硅化物、氮化物及其合金，常被用来制作核工业中的释热元件和液态金属的包套材料。铌钛系和铌锆系的某些合金具有恒弹性能，可制作特殊用途的弹性元件。氧化钽和氧化铌用于制造高级光学玻璃和催化剂。铌酸锂是一种优良的压电晶体，在彩色电视滤波器和雷达延迟线上得到了应用。还有，铌酸锶钡单晶用作激光通信装置的调制器，二硒化铌用作电动机械和仪表装置的自润滑填充剂等。

抗蚀本领“出类拔萃”。别看钢铁那么坚硬，时间长了它会生锈。其他许多金属在使用过程中也会慢慢地蚀坏。据统计，正在使用中的金属材料，每年因为腐蚀大约要损毁 2%，也就是相当于每年要有成百万吨金属变成废品。腐蚀给我们带来的损失实在是太大了。尤其在化学工业里，成天同酸碱打交道，腐蚀更是个大问题。许多化学产品，比如，硝酸、硫酸、盐酸、纯碱、烧碱等，遇到普通的钢铁，用不了多长时间就会把它们“吃掉”。

人们于是千方百计设法提高金属的抗蚀本领。

挨个检验一下吧，究竟谁的抗蚀本领最强呢？人们发现，铌、钽的抗蚀本领在金属中是数一数二的，有些方面甚至超过白金（铂）。

拿铌来说，它在一般温度下不与空气里的氧气打交道，即使放到工业区的大气中 16 年，它的表面也不会生锈，只是稍稍有点儿变暗。

不仅钢铁，一般的金属都害怕强酸，它们往往一掉进强酸就“烟消云散”和“影踪全无”了。铌和钽却不理会这些，在 150℃的条件下，除了氢氟酸、发烟硫酸和强碱以外，铌、钽能够抵抗其他各种酸类、碱类的侵袭，包括能把白金、黄金消溶的王水在内，一般的浓淡冷热，都不能伤害它们。有人曾把铌放在浓热的硝酸里 2 个月，放在强烈的王水中 6 昼夜，结果它照样还是“面不改色”，安然无恙。

钽对酸类简直具有特殊的稳定性，胜过玻璃和陶瓷，是所有金属中最耐酸蚀的品种。钽不但不怕硝酸、盐酸，王水，就是加热到 900℃的高温，在熔融的锂、钠、钾等个性活泼的金属溶液里，它也不会受到损害。把钽放在大多数常见的腐蚀性物质中长期地工作，我们尽可以放心。

正是因为具备了这个特长，所以铌和钽，特别是钽，在化学工业中被广泛用来制造各种高级的耐酸设备，比如制备硝酸、硫酸等用的过滤器、搅拌器、冷凝器、加热器以及生产化学纤维用的喷丝头、耐酸滤网等。近些年来钽的产量成倍增长，主要就是它在化工方面获得广泛应用的结果。

此外，钽和铌还常被用来制作各种精密天平的砝码、自来水笔笔尖、唱针、钟表的弹簧，以及代替白金制造某些电极、蒸发皿等。

钽在医学领域中也占有重要的地位。

钽对化学药品的耐蚀力极强，在大气中不生锈、不变色，一些最忌生锈的医疗器材，比如牙科器材、部分外科器材和化学仪器，都可用钽来制造。

不仅可以用来制造医疗器械，钽还是一种极好的“生物适应性材料”。

大家知道，人身上的骨头能够长肉，动物身上的骨头能够长肉，在金属上也能长出肉来吗?

能够的。有这样的事例：医院给骨折病人做手术，用钽条来代替折断了的骨头，过了一段时间，肌肉居然会在钽条上长出来，就像在真正的骨头上长出来一样。

除此之外，钽片可以修补头盖骨损伤，钽丝、钽箔可以用来缝合神经、肌腱和内径小于1.5毫米的血管，用钽丝织成的钽网还能在腹腔手术中用来补偿肌肉组织以加强腹腔壁。当然，用钽材来制造接骨板、螺丝、夹杆、钉子、缝合针等更是轻而易举的事。

为什么钽在外科手术中会有这样的妙用呢?

关键是因为钽有极好的抗蚀性和适应性，既不与人体里的各种具有腐蚀性的“体液”发生作用，又几乎完全不刺激人体的机体组织，对于任何杀菌方法都能适应，且有很好的愈合性，所以能够同人体组织长期结合而无害地留在人体里。

过去人体里使用的金属器件大多是不锈钢，它同其他“亲生物”金属相比，主要优点是比较便宜，但是它的副作用比较大，耐蚀性和生物适应性赶不上钽。

利用铌、钽的这种化学稳定性，我们还可以用它们来制造电解电容器、整流器等等。特别是钽，它在酸性电解液中能生成稳定的阳极氧化膜，用来制造电解电容器正合适。20世纪70年代末有2/3以上的钽用来生产大容量，小体积、高可靠性的固体电解电容器，每年生产数亿只，成为钽的最大用户。

说起来，铌、钽可真是“稀有”金属。在每1吨地壳物质里，平均含有铌20多克，含钽只有2克左右，数量确实不多。

但是，自然界里含铌、钽的矿物却不少，已经发现的含铌矿物就有130多种，其中最主要的是烧绿石和铌铁矿。含钽的主要矿物是钽铁矿、重钽铁矿、细晶石和黑稀金矿。世界上多数铌矿石的含铌品位只有0.2%～0.6%。

正是因为铌和钽的物理化学性质很相似，所以总爱共生在同一种矿物里，要把这一对“孪生兄弟”分离开来还不很容易。先要分解精矿，净化分离出钽、铌，这样得到的钽、铌可不是金属，而是它们的化合物。接着还要经过一系列的物理化学处理，用钠、铝或碳等作还原剂，这才能把它们从化合物中“解放”出来。还原得到的钽、铌通常都是粉状的，于是又要把它们压制成坯块，放进一种特殊的炉子里，在高温真空的条件下，用电弧、电子束或等离子束等进行熔炼，除去气体杂质和容易挥发的非金属杂质，才能得到块锭。最后经过加工，可以制成板、管、丝、箔等铌材和钽材。

你看，要得到一点铌、钽多么不易，怪不得它们的价格会那样昂贵。

我国的铌、钽资源相当丰富，已经发现的具有工业价值的含铌矿物就有铌铁矿、铌钽铁矿、褐钇铌矿、含铌钛铁金红石、易解石、烧绿石，以及一些含钽铌酸盐的砂矿。此外，我国的某些炼钢炉渣和炼锡废渣，也都是提取铌、钽的重要资源。

当然，资源多也不应该浪费。矿产资源是人民的，应该十分珍惜人民的财富。铌、钽常常跟铁伴生在一起，一定要注意资源的综合利用，在炼铁的同时把铌、钽回收出来，让它们发挥应有的作用。

元素周期表

在化学教科书中，都附有一张“元素周期表”。这张表揭示了物质世界的秘密，把一些看来似乎互不相关的元素统一起来，组成了一个完整的自然体系。它的发明，是近代化学史上的一个创举，对于促进化学的发展，起了巨大的作用。这张表的最早发明者是俄国的门捷列夫（1834－1907）。

门捷列夫发现了元素周期律，在世界上留下了不朽的伟绩。但这元素周期律并不是完整无缺的。1894 年，惰性气体氩的发现，对周期律是一次考验和补充。1913 年，英国物理学家莫塞莱指出作为周期律的基础不是原子量而是原子序数。在周期律指导下产生的源于结构学说，不仅赋予元素周期律以新的说明，并且进一步阐明了周期律的本质，把周期律这一自然法则放在更严格更科学的基础上。元素周期律经过后人的不断完善和发展，在人们认识自然，改造自然，征服自然的斗争中，发挥着越来越大的作用。

胃功能的化学作用

胃有很强的消化功能，靠的是胃内的盐酸、胃蛋白酶和黏液。盐酸是一种腐蚀性很强的酸，食物进入胃里，盐酸就会把食物中的细菌杀死。胃里的盐酸浓度较高，足足可以把金属锌溶化掉。胃蛋白酶能分解食物中的蛋白质。黏液能把食物包裹起来，既起到润滑作用，又能保护胃黏膜，使它不受食物引起的机械损伤。胃里的盐酸、胃蛋白酶和黏液联合起来，几乎可以消化一切食物。

既然胃的消化能力这么强，为什么不能消化掉自己？科学家研究认为：首先，胃壁在分泌盐酸以后，盐酸由于受到黏膜表面上皮细胞的阻挡，它不会倒流，也就不会腐蚀胃壁。万一上皮细胞遭到破坏，黏膜会分泌黏液，对盐酸有一定的缓冲作用，也能防止黏附在胃黏膜表面的盐酸进入内部。胃黏膜还有“丢卒保车”的本领，它让上皮细胞不停地进行代谢更新，阻止胃蛋白酶吸附在黏膜上，达到保护胃壁的目的。另外，黏液中的糖蛋白质，有的含糖量很多，分子量很大，它们能抑制胃蛋白酶的活性。其次，人的胃黏膜细胞，每分钟大约要脱落50万个，3天之内可以全部更新，这样强的再生能力，使消化液对胃壁造成的暂时损伤，得以弥补。所以，在正常的条件下，胃不能自己消化自己。如果胃内产生的胃酸过多，或者空腹吃药，损伤胃壁，胃开始消化自己，就会出现胃溃疡等疾病。

珍贵的稀散金属

稀散金属通常是指由镓（Ga）、铟（In）、铊（Tl）、锗（Ge）、硒（Se）、碲（Te）和铼（Re）7个元素组成的一组化学元素。但也有人将铷、铪、钪、钒和镉等包括在内。这7个元素从1782年发现碲以来，直到1925年发现铼才被全部发现。

这一组元素之所以被称为稀散金属，一是因为它们之间的物理及化学性质等相似，划为一组；二是由于它们常以类质同象形式存在有关的矿物当中，难以形成独立的具有单独开采价值的稀散金属矿床；三是它们在地壳中平均含量较低，以稀少分散状态伴生在其他矿物之中，只能随开采主金属矿床时在选冶中加以综合回收、综合利用。

下面我们介绍稀散金属中的4个：镓、铟、锗、铊。

镓

镓是一种有白色光泽的软金属。熔点出奇的低，只有29.78℃。取一小粒镓放在手心里，过不多久就熔化成小液珠滚来滚去，像水银珠一样。

人们认识镓这个元素已经有100多年的历史了。它是在1875年被法国化学家布瓦菩德朗发现的。像在地壳中的量约为0.0004%，与锡差不多，不算太少。然而，锡矿比较集中，镓在自然界的分布却非常分散，几乎没有单独存在的镓矿。镓有时和铝混合在一起，存在于铝土矿里。这是因为镓和铝在元素周期表里都属于第三主族，而镓离子和铝离子大小也差不多，所以它们就容易在一种矿石里共存。又因为镓原子和锌原子大小也接近，所以镓和锌也容易同处于散锌矿中。镓还容易和锗共存于煤中。所以煤燃烧后剩下的烟道灰里就含有微量的镓和锗。

镓的化学性质和铝很相似，也和同一族的金属铟、铊很相似。在平常的温度下，镓在干燥的空气中不起变化。只有赤热时，才能被空气氧化。镓对水也非常稳定。在室温下，金属镓就能和氯或溴强烈作用。硫酸，特别是盐酸容易溶解镓。强酸溶液或氢氧化铵溶液也容易溶解镓。镓的氢氧化物也能溶解于强碱溶液之中，生成镓酸盐。氢氧化镓的酸性比氢氧化铝还要强些。在化学上，这叫做具有“两性”性质。就是说，这种物质既具有碱性，也具有酸性。

镓的熔点很低。它熔化后不容易凝固。当镓处于液体状态的时候，受热后体积均匀地膨胀。镓的沸点高达2070℃。从熔点30℃到沸点2070℃温度范围很宽，这样，镓就可以做高温温度计的材料。平常的水银温度计对测量炼钢炉、原子能反应堆的高温无能为力，因为水银在356.9℃化作蒸气。人们还利用镓熔点低的特性，把镓跟锌、锡、钢这些金属掺在一起，制成低熔点合金，把它用到自动救火龙头的开关上。一旦发生火灾，温度升高，这种易熔合金做的开关保险熔化，水便从龙头自动喷出灭火。

液体镓也用来代替水银，用于各种高真空泵，或者紫外线灯泡。在原子反应堆里，还用镓来作热传导介质，把反应堆中的热量传导出来。镓能紧密地粘在玻璃上，因此，可以制成反光镜，用在一些特殊的光学仪器上。

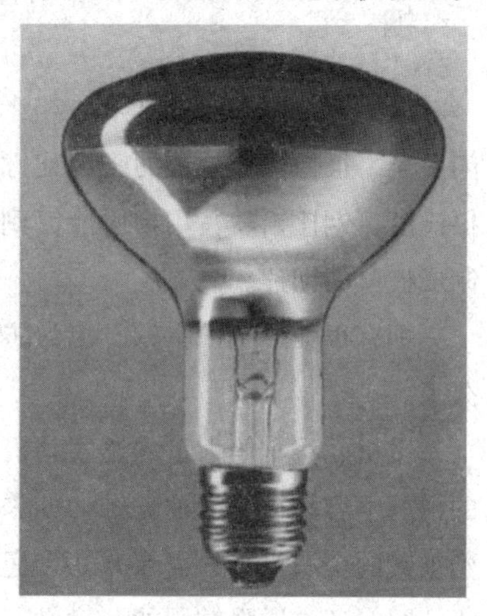
紫外线灯泡

镓还有一些奇妙的特性。大多数金属是热胀冷缩的。然而镓却是冷胀热缩。当镓从液体凝结成固体时，体积要膨胀3%。所以，镓跟大多数的金属相反，液体的密度反而比固体的大。因此，金属镓应当存放在塑料的或橡胶制的容器里。如果装在玻璃瓶子里，一旦液态的镓凝固时，体积膨胀，会把瓶子撑破。

镓属于元素周期表的第三族。它和第五族元素——砷、锑、磷、氮化合后，形成一系列具有半导体性能的化合物。例如砷化镓、锑化镓、磷化镓等，都具有良好的半导体性能，是目前实际应用较多的半导体材料。原先以真空电子管为核心的电子设备大多笨重。自从以镓等金属为原料的半导体出现以后，使许许多多的电子设备体积大为缩小，从而实现了小型化、微型化，甚至还可以制成集成板块电路。在整个电子工业技术领域引起一场深刻的革命。砷和镓的化合物——砷化镓，是近年来新发展起来的一种性能优良的半导体材料。用砷化镓可以制成砷化镓激光器。这是一种功效高、体积小的新型激光器。镓和磷的化合物——磷化镓是一种半导体发光材料。它能够发射出红光或绿光。人们把它做成各种阿拉伯数字形状。在有的电子计算机里，就利用它来显示计算结果。

金属镓还有一个奇异的特性，就是它在低温时，有良好的“超导性”。现在人们正在千方百计地努力寻找在较高温度下，甚至在室温下还保持超导性能的新材料。1 个镓原子和 3 个钒原子化合所形成的化合物（俗称“钒三镓”），是超导材料。

应当注意的是，镓及其化合物有毒。毒性远远超过汞和砷！医学家们发现，镓可以损伤肾，破坏骨髓。镓沉积在软组织中，造成神经、肌肉中毒。它可能与引起肿瘤、抑制正常生长有关。

铟

铟、镓“兄弟”相貌和性格十分相似。它们都是银白色略带蓝色，闪闪发光，很像白金。铟的密度比镓要大，熔点也高得多，但也只有 150 多摄氏度。铟比铅软，用指甲能够刻痕，可塑性很大，延展性很好，可以压制成极薄的铟片。

铟有很强的抗蚀本领。作为防止腐蚀的保护层，铟的使用历史已经很久了。

飞机、汽车等大型内燃发动机上的银镉轴承和铜铅轴承，在温度很高的情况下容易被润滑油侵蚀。如果在这类高级轴承上镀一层铟，让铟扩散到被镀的金属里，只需要 0.025 毫米那样薄薄的一层，这种侵蚀就会被防止，同时还能增强轴承的耐磨性，使轴承表面容易被涂油，从而大大延长轴承的使用期限。

铟也可以镀到钢铁和其他有色金属上。比如，铟和铟合金就被用作钢制推进器的模子、石墨刷子等的抗蚀覆盖物。一般的机器轴承，只要镀上一层铅铟银合金，使用寿命就能延长约 5 倍。

在易熔合金、焊接合金、镶牙合金、磁性合金等特殊合金中，也常常有铟“参加”。铟能与很多金属及非金属黏结，焊接性能良好，它作为焊料有很重要的用途。比如，铟、锡各半的合金焊料，能使玻璃与玻璃或玻璃与金属牢固地焊接起来，密封性能良好，在生产电子管时，所用金属和合金的焊料中也含有铟。利用铟熔点低而制成的易熔合金，可以用到消防系统的断路保护装置和自动控制系统的热控装置上。

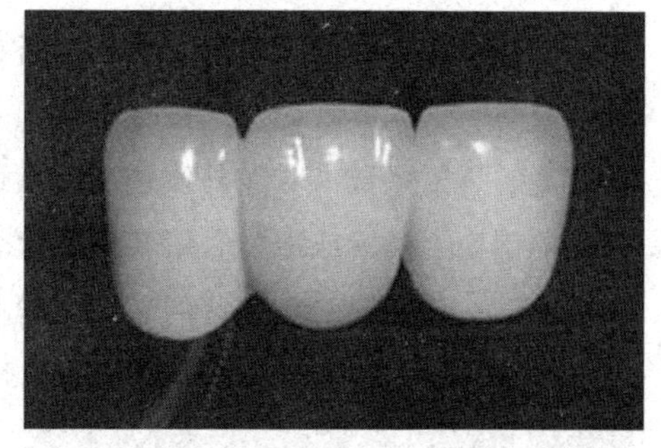
镶牙合金

铟对中子辐射敏感，于是又可用作核工业中的监控剂量材料。铟和铟合金还可用于牙科医疗、钢铁和有色金属的防腐装饰件，塑料金属化等方面。

往贵金属里添加少量的铟，这些金属会增加强度、硬度和抗蚀性。少量的铟加到银或铜里，能使它们的表面变得又亮又硬。银铸件里加进 1% 的铟，硬度可以提高 1 倍。

同镓一样，铟也可以用来制造高折射率的特种光学玻璃和探照灯的镜面之类。镀铟的镜面光亮得很。虽然铟对光的反射能力比不上银，但是它不怕海水的腐蚀，在海水飞沫和海风袭击下不会氧化锈坏，也不会由于时间的长久和灯泡的高温而变暗，所以在军舰、海轮上使用是最合适不过的。

锗

锗化学符号是 Ge，它的原子序数是 32，是一种灰白色的类金属。1886 年，德国的文克勒在分析硫银锗矿时，发现了锗的存在；后由硫化锗与氢共热，制出了锗。锗化学性质稳定，常温下不与空气或水蒸汽作用，但在 600℃ ~700℃时，很快生成二氧化锗。与盐酸、稀硫酸不起作用。浓硫酸在加热时，锗会缓慢溶解。在硝酸、王水中，锗易溶解。碱溶液与锗的作用很弱，但熔融的碱在空气中，能使锗迅速溶解。锗与碳不起作用，所以在石墨坩埚中熔化，不会被碳所污染。

高纯度的锗是半导体材料。从高纯度的氧化锗还原，再经熔炼可提取而得。掺有微量特定杂质的锗单晶，可用于制各种晶体管、整流器及其他器件。锗的化合物用于制造荧光板及各种高折光率的玻璃。单晶可作晶体管，是第一代晶体管材料。锗材用于辐射探测器及热电材料。高纯锗单晶具有高的折射系数，对红外线透明，不透过可见光和紫外线，可作专透红外光的锗窗、棱镜或透镜。锗和铌的化合物是超导材料。二氧化锗是聚合反应的催化剂，含二氧化锗的玻璃有较高的折射率和色散性能，可作广角照相机和显微镜镜头，三氯化锗还是新型光纤材料添加剂。

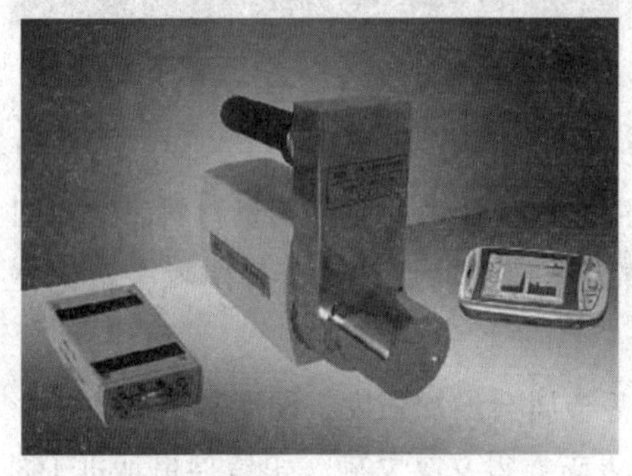

手持式高纯锗 Xγ 射线谱仪

锗石具有脱氢富集氧功能，能够使身体能保持充足的氧，从而维护人体的健康。在人体中，食物的分解是借助氧气进行的，在食物分解过程中，需要消耗大量的氧，同时生成水和二氧化碳。如果没有充足的氧，就有可能使机体引起各种疾病。而有机锗能把人体内的氢离子带出体外，减少了机体对氧的需求量，从而有利于健康。锗进入人体后，可均匀地分布在各器官组织中，24 小时完全排出体外，属于不会在身体中蓄积的微量元素，其毒性极低，无不良反应。人体各器官细胞在生命过程中产生废物，一部分经过分泌系统排出体外，还有一部分以自由基的形式存在于各器官中，形成病变，导致器官功能下降影响健康，有机锗能与这部分自由基结合后排出体外，增强器官生命。

临床研究发现，目前被人们广泛认可锗对多种疾病有着良好的治疗作用。主要体现在：抗肿瘤、治疗老年痴呆、增强免疫功能、延缓衰老、预防及治疗动脉硬化、降低血液黏稠度、抗类风湿关节炎、调节内分泌、止痛消炎、降血压、治疗骨质疏松、调节内分泌、治疗慢性肝炎等方面。锗石对人体还有凉血止血，降逆止呕，清火平肝的效力，其原理和另外的含铁矿物药，如磁石相仿。从中医学角度来讲，接触自然矿物可以补充人体不足的元素和微量元素，吸收或排泄过剩的元素和微元素，使人体保持一个特有的正间值。生产天然锗矿石系列有：锗石原矿、锗石块、锗石颗粒、锗石粉、锗石板材等。

铊

铊也是一种稍带天蓝的银白色软金属。虽然它的密度比镓大一倍，熔点高得多，但是它在空气中很容易氧化，生成一层灰绿色的氧化铊薄膜。

有铊参加的合金有不少。把铊加进铅基合金和银基合金，能提高合金的强度、硬度和抗蚀性，可以用来制造高级轴承。铅铊合金用做特种保险丝和高温锡焊焊料。锡铊和铅锡铊合金能够很好抵抗酸类的腐蚀。最有意思的是铊汞合金，熔点低到-60℃，用它充填低温温度计，可以在严寒的北极和高空同温层中使用。

但是，现在我们主要还是应用铊的化合物。铊化合物已经成为生产电子工业器件的重要材料，在国防军事方面应用很广。

铊的氧、硫化合物有一个重要的特性，就是对看不见的红外线特别敏感，可以在夜间进行红外线照相。用硫化铊和氧硫化铊制成的对红外线作用灵敏的光电管，即使在伸手不见五指的黑夜，或者在一片白茫茫的浓雾中，也能够接收信号，进行侦察。

铊化合物还是生产高压硒整流片、电阻温度计、无线电传真、原子钟的脉冲传送器等的重要材料。

为了保护人体免受放射线的危害，需要在人与放射线源之间设置透明的屏蔽窗，窗上镶嵌着玻璃。过去都镶铅玻璃，但铅玻璃是固体，形状固定，尺寸有限，而且容易碎裂，缺乏安全感。如果用液体的甲酸铊来代替铅玻璃，那就可以做成能够改变形状的屏蔽窗，它的耐放射线能力要比铅玻璃高百倍以上，安全可靠，而且几乎可以永久使用。

原子钟

许多铊的化合物都是有毒的，不过就连有毒这一点也可以利用，用到医药和农业方面。比如，早在1920年，人们就用铊盐做灭鼠剂，后来又用它来杀虫，特别对消灭白蚁非常有效。硫酸铊无臭无味，与糖、淀粉、甘油等混合在一起，会使鼠类虫蚁胃口大开，吃进肚子以后不知不觉地中毒死亡。应该说，铊化合物的应用正是从灭鼠杀虫药剂开始的。不过，为了避免铊可能对环境造成污染，影响人体健康，现在有的国家已经禁止铊在灭鼠杀虫方面的应用。

稀散金属具有极为重要的用途，是当代高科技新材料的重要组成部分。由稀散金属与有色金属组成的一系列化合物半导体、电子光学材料、特殊合金、新型功能材料及有机金属化合物等，均需使用独特性能的稀散金属。用量虽说不大，但至关重要，缺它不可。因而广泛用于当代通讯技术、电子计算机、宇航开发、医药卫生、感光材料、光电材料、能源材料和催化剂材料等。

超　导

1911 年，荷兰莱顿大学的卡茂林·昂内斯意外地发现，将汞冷却到 -268.98℃时，汞的电阻突然消失；后来他又发现许多金属和合金都具有与上述汞相类似的低温下失去电阻的特性，由于它的特殊导电性能，卡茂林·昂内斯称之为超导态。卡茂林由于他的这一发现获得了 1913 年诺贝尔物理学奖。

人们把处于超导状态的导体称之为“超导体”。超导体的直流电阻率在一定的低温下突然消失，被称作零电阻效应。导体没有了电阻，电流流经超导体时就不发生热损耗，电流可以毫无阻力地在导线中形成强大的电流，从而产生超强磁场。超导材料的零电阻特性可以用来输电和制造大型磁体。超高压输电会有很大的损耗，而利用超导体则可最大限度地降低损耗。

延伸阅读

女儿村与镉

英国威尔士北部有个戴姆维斯的“女儿村”，在过去的二三十年中出生的婴儿都是女孩。这引起村民们的焦虑。据报道，中国山西偏远山区中有一个村庄，10 多年来出生的婴儿都是女性，而成年女性中，个个患有头疼、骨痛的怪病。这个村也被称为“女儿村”。

为什么整个村庄的妇女都生女不生男？专家们调查证明，这两个村庄的居民都饮用了含镉量较高的污水，这些污水是从被遗弃的锌矿污染水源引起的。改变水源，饮用正常水以后，生女不生男的状况就可改变。

在自然界，镉以硫化物形式存在于各种锌、铅、铜矿中。无论是在大气、土壤和水中，含量都很低，按理说不会影响人体健康。可是环境中受到镉污染后，它可以在生物体内富集，再通过食物链进入人体，引起慢性中毒。人体内一旦有镉，就形成镉硫蛋白，通过血液流到全身，并且瞄准肾脏，积集起来，破坏肾脏、肝脏中的酶系统正常活动，还会损伤肾小管，使人体出现糖尿、蛋白尿等症状。含镉气体通过呼吸道会引起呼吸道刺激症状，出现肺水肿、肺炎等。镉从口腔进入人体，还会出现呕吐、胃肠痉挛、腹痛、腹泻等症状，甚至可引起肝肾综合征而死亡。镉是人体的“敌人”，可是在工业上是人类的“朋友”。

稀土十七姊妹

如果你有打火机，只要用大拇指把打火机上的可动部分一按，“咔嚓”一声，小转轮底下迸出了火花，就把汽油灯芯或可燃气体给点着了。

打火机打火，关键在于金刚砂转轮底下的那一小块打火石。打火石不是普通的石头，而是一种稍加摩擦或敲打就很容易氧化并发火燃烧的金属，是一种用镧、铈等稀土金属与铁的合金制成的。这种发火合金现在已被广泛地应用到曳光弹、子弹和点火装置以及其他军事设施上。

讲到稀土金属，前面已经说过，成员可真不少，总共 17 个，被称为“稀土十七姊妹”。

稀土金属大都有一副朴素的银灰色的外表，只有少数几种呈淡黄色或浅蓝色。它们的外貌相像，化学性质相似，所以在矿物中经常共生在一起，只有钪是例外。从 1794 年芬兰人加多林在一种不寻常的黑色矿石——硅铍钇矿中分离出第一种稀土金属钇，到 1947 年美国人马林斯基等从铀的裂变产物中找到钷，其间经历 150 多年，才终于把稀土家族的全部成员找齐。

从发现到应用还有一个相当长的时期。钇、铈、镧等少数几种稀土金属到 20 世纪 50 年代，其余多数稀土金属到 20 世纪 60 年代，才开始进行工业性生产。即使到今天，我们还很少有机会看到单一的纯稀土金属。工业上往往直接利用混合稀土金属，也就是包含有多种稀土金属的合金。

稀土金属的用途日广，用量增大，越来越成为我们生产和生活中的得力助手。

“稀土十七姊妹”的化学性质活泼，几乎能同所有的元素起作用。在电真空技术中，混合稀土金属和铝、钍的合金用作电子管的消气剂，清除里面的残余气体，提高电子管的真空质量。

稀土金属的光谱非常丰富，而且能量分布均匀，可以得到强度很高、颜色非常匀称的弧光。电器工业用稀土金属的各种氟化物（主要是氟化铈）制造碳弧电极，用到探照灯、弧光灯和彩色电视等方面，灯的亮度增强，发光时间持久。

稀土金属

稀土金属的化合物是极重要的发光材料。它们以某种方式吸收外界的能量，然后把它转化成为光发射出来。单一的高纯稀土氧化物如氧化钇、氧化铕、氧化钆、氧化镧、氧化铽等，可以制成各种荧光体，广泛应用到彩色电视机、彩色和黑白大屏幕投影电视、航空显示器、X 射线增感屏等方面，同时也可用来制作超短余辉材料、各种灯用荧光粉等。

日光灯是千家万户不可缺少的光源，它省电，发光效率高，但也有不足，主要是显色性差，灯光下看物体白淡淡的。如果采用稀土三基色（红、绿、蓝）荧光粉，并按一定配比涂在灯管上，那么发光效率就可以更高，节电 25%，而且显色性好，能够充分显示被照物体的本来颜色，光线柔和，对保护视力也大有好处。

一台彩色电视机就用上了五种稀土金属：电视机的玻壳里含有氧化钕，玻壳要用氧化铵抛光，氧化钪被用作彩色显像管里电子枪上的阴极，荧光屏上的红色荧光粉是钇和铕的氧化物。这种荧光粉的发光效率高，色彩鲜艳稳定，能使图像亮度增强 40%。

此外，稀土发光材料还被用做投影电视白色荧光粉、超短余辉荧光粉、其他各种灯用荧光粉、X 射线增感屏用荧光粉等。用于 X 射线增感屏的稀土荧光粉，可使增感倍数达到 5 倍之多，这不仅大大降低了 X 射线剂量，减少了它对人体的危害，而且还能节约能源，延长 X 射线管的使用寿命，有利于有关设备的小型化。

人们从 20 世纪 60 年代起就开始认识到稀土金属的催化性能。裂化是石油的化学加工过程，目的是把石油的大分子裂解成更多的小分子，也就是以重质油品为原料，制得较轻较贵重的油品（如汽油）。这个过程在催化剂的作用下可以进行得更快更有效。过去石油催化裂化都用合成硅酸铝作催化剂，1962 年，人们研制出一种稀土分子筛催化剂来逐步代替它，与原来的催化剂相比，稀土分子筛催化剂的活性高，寿命长，处理能力提高 24%，汽油产率增长 13%，还能改善所产汽油的质量。

直到现在，石油化工仍然是稀土金属的主要用户之一。除了把铈族混合稀土氯化物和富镧稀土氯化物制备的微球分子筛，用于石油的催化裂化过程外，稀土催化还可以用到其他各个方面，比如硫酸铈是氧化二氧化硫的催化剂，氯化铈是聚酯生产的催化剂，硝酸铈是合成耐纶、人造羊毛的催化剂。一种稀土金属镨、钕的催化剂已用到合成橡胶的生产上，化肥生产过程中也要用到稀土催化剂。

近些年来，稀土金属还在消除公害、防止污染方面初显身手。比如，稀土化合物可以用来有效地清除工业废水里的磷酸盐、氟化物等杂质。某些稀土金属与另外一些金属的复合氧化物，可以用于净化气体，一个典型的例子是把镧铜锰氧化物制成催化剂，用到汽车排气系统中，它能催化一氧化碳和碳氢化合物在较高温度下氧化，变成二氧化碳和水，使一辆汽车即使行驶万里也不冒一缕黑烟，既减轻了大气污染，又节省了汽油消耗。

在油漆、颜料、纺织、化学试剂、照相药品等生产部门，稀土金属的化合物也得到了广泛的应用。在日常使用的各种塑料制品的生产中，加进适量的稀土化合物，不仅可防止塑料制品的老化，且能提高它们的耐磨、耐热、耐酸性能。稀土化合物用于皮革和毛线的染色，对皮革具有去臭、防腐、防蛀、防酸的效果，着色牢固，日晒雨淋也不易褪色；对毛线则有增强光泽和鲜艳度的功能，穿在身上蓬松柔软而不起球。

加多林

加多林（1760—1852）芬兰人，第一位发现稀土元素的化学家。他从小受到既是天文学家又是物理学家的父亲的严格教育，他曾经和著名的化学家舍勒合作过。在芬兰大学担任了25年化学教授。研究过很多种矿石及其分析方法。1794年，他从一位研究矿物学的人那里，得到了一块奇特的黑色石头。加多林对它进行了仔细的分析，证实了在这种矿石里面含有一种新元素。这就是第一个被发现的稀土元素——钇。后来，这种矿石被命名为加多林矿。他还是北欧最早反对燃素学说的科学家。

延伸阅读

中国的众多第一

“中东有石油，中国有稀土。”这是邓小平1992年南巡时说的一句名言。中国稀土占据着几个世界第一：储量占世界总储量的第一，尤其是在军事领域拥有重要意义且相对短缺的中重稀土；生产规模第一，2005年中国稀土产量占全世界的96%；出口量世界第一，中国产量的60%用于出口，出口量占国际贸易的63%以上，而且中国是世界上唯一大量供应不同等级、不同品种稀土产品的国家。可以说，中国是在敞开了门不计成本地向世界供应。以制造业和电子工业起家的日本、韩国自身资源短缺，对稀土的依赖不言而喻。中国出口量的近70%都去了这两个国家。至于稀土储量世界第二的美国，早早便封存了国内最大的稀土矿芒廷帕斯矿，钼的生产也已停止，转而每年从中国大量进口，用以作为战略储备。

颠覆传统观念的人造元素

人造元素指自然界本来不存在的元素，通过人工方法制造出来的元素，称为人造元素。一般通过将两种元素以高速撞击，增大自然存在的元素原子核质子的个数，达到增大原子序数，制造出新的元素。

1910年，卢瑟福进行了著名的α粒子轰击金箔的实验，他发现大多数α粒子能够穿过金箔继续向前行进，也有一部分α粒子改变了原来行进的方向，但改变的角度不大。只有极少数的α粒子被反弹了回来，好像碰到了坚硬的不可穿透的物体。

卢瑟福认为，这个实验说明金原子中有一个体积很小的原子核，原子的质量和正电荷都集中在原子核内。α粒子通过原子中的空间部分时，不会受到阻力，可以顺利地穿过，但如果碰到原子核，则互相排斥（α粒子和原子核都带正电），α粒子就会被弹回来。

卢瑟福

卢瑟福设想，金原子核中有79个质子和118个中子，质量太大，α粒子和金原子核之间的排斥力太大，并不能把金原子核轰开。如果采取两种措施：一方面用能量很高的α粒子来轰击；另一方面，把被轰击的对象改为轻的原子核，例如氮原子核（含有7个质子和7个中子）。那么，α粒子与氮原子核之间的排斥力要小得多，也许能量很高的α粒子有可能把氮原子核轰开。

实验的结果确实像卢瑟福设想的那样，α粒子钻进了氮原子核以后，α粒子中的两个质子和两个中子与氮原子核中的7个质子和7个中子重新组合后，变成了一个氢原子和一个氧原子。

一个原子的原子核被轰开以后，变成了另外两个原子，这意味着化学家已经能够用人工方法合成化学元素了。卢瑟福的发现还改变了19世纪以来化学界认为“元素永远不变”的理论。

虽然卢瑟福将原子分裂后得到的都是一些轻元素，但是，想要用人工的方法获得重元素也是可能的。只要能够制造出威力更强的“大炮”，发射出各种高能粒子，就能达到目的。

我们知道，用算盘做加法，那很便当，只需要把算盘珠朝上一拨，就加上一了。可是，要往一个原子核里加一个质子或别的什么东西，可不就那么容易了。从1925年开始，直到1934年，法国科学家弗列特里克·约里奥·居里和他的妻子伊纶·约里奥·居里（即镭的发现者居里夫人的女儿）才找到进行原子“加法”的办法。当时，他们在巴黎的镭学研究院里工作。他们发现，有一种放射性元素——84号元素钋的原子核，在分裂的时候，会以极高的速度射出它的“碎片”——氦原子核。在氦原子核里，含有2个质子。于是，他们就用这氦作为“炮弹”，去向金属铝板“开火”。嘿，出现了奇迹，铝竟然变成了磷！

铝，银闪闪的，是一种金属，磷，却是非金属。铝怎么会变成磷呢？用“加法”一算，事情就很明白：铝是13号元素，它的原子核中含有13个质子。当氦原子核以极高的速度向它冲来时，它就吸收了氦原子核。氦核中含有2个质子。13+2=15于是，形成了一个含有15个质子的新原子核。你去查查元素周期表，那15号元素是什么？15号元素是磷！就这样，铝像变魔术似的，变成了另一种元素——磷！

不久，美国物理学家劳伦斯发明了“原子大炮”——回旋加速器。在这种加速器中，可以把某些原子核加速，像“炮弹”似的以极高的速度向别的原子核进行轰击。这样一来，就为人工制造新元素创造了更加有利的条件。

1937年，劳伦斯在回旋加速器中，用含有1个质子的氘原子核去“轰击”42号元素——钼，结果制得了第43号新元素。

鉴于前几年人们接连宣称发现失踪元素，而后来又被一一推翻，所以这一次劳伦斯特别慎重。他把自己制得的新元素，送给了著名的意大利化学家西格雷，请他鉴定。西格雷又找了另一位意大利化学家佩里埃仔仔细细进行分析。最后，由这两位化学家向世界郑重宣布——人们寻找多年的43号元素，终于被劳伦斯制成了。这两位化学家把这新元素命名为“锝”，希腊文的原意是“人工制造的”。

锝，成了第一个人造的元素！当时，他们制得的锝非常少，总共才一百亿分之一克。后来，人们进一步发现：锝并没有真正的从地球上失踪。其实，在大自然中，也存在着极微量的锝。1949年，美籍中国女物理学家吴健雄以及她的同事从铀的裂变产物中，发现了锝。据测定，1克铀全部裂变以后，大约可提取26毫克锝。另外，人们还对从别的星球上射来的光线进行光谱分析，发现在其他星球上也存在锝。这位“隐士”的真面目，终于被人们弄清楚了：锝是一种银闪闪的金属。具有放射性。它十分耐热，熔点高达2200℃。有趣的是，锝在-265℃时，电阻就会全部消失，变成一种没有电阻的金属！

目前人造元素都是放射性元素，包括锝（Tc）、钷（Pm）、砹（At）、镎（Np）、钚（Pu）、镅（Am）、锔（Cm）、锫（Bk）、锎（Cf）、锿（Es）、镄（Fm）、钔（Md）、锘（No）、铹（Lr）等。

卢瑟福

卢瑟福（1871－1937），英国人，近代原子核物理学之父，被公认为20世纪最伟大的实验物理学家。他在新西兰大学毕业后，获得英国剑桥大学的奖学金进入卡文迪许实验室，成为汤姆逊的研究生。1898年开始担任加拿大麦吉尔大学的物理教授。1907年返回英国出任曼彻斯特大学的物理系主任。有趣的是这位物理学家因放射性研究获得1908年诺贝尔化学奖。1919年接替退休的汤姆逊，担任卡文迪许实验室主任。1925年当选为英国皇家学会主席。1937年逝世，与牛顿和法拉第并排安葬。

他提出了原子结构的行星模型，为原子结构的研究做出很大的贡献。他的研究除了理论上非常重要以外，他的发现还在很大范围内有重要的应用，如核电站、放射标志物以及运用放射性测定年代。他对世界的影响力极其重要，并正在增长。

卢瑟福的趣闻轶事

有个外号叫“鳄鱼”：卢瑟福从小家境贫寒，通过自己的刻苦努力，这个穷孩子完成了他的学业。这段艰苦求学的经历培养了卢瑟福一种认准了目标就百折不回勇往直前的精神。后来学生为他起了一个外号——鳄鱼，并把鳄鱼徽章装饰在他的实验室门口。因为鳄鱼从不回头，他张开吞食一切的大口，不断前进。

杰出的学科带头人：卢瑟福还是一位杰出的学科带头人，被誉为“从来没有树立过一个敌人，也从来没有失去一位朋友”的人。在他的助手和学生中，先后荣获诺贝尔奖的竟多达12人。

“是我制造了波浪”：卢瑟福总是给那些见过他的人留下深刻的印象。他个子很高，声音洪亮，精力充沛，信心十足。当他的同事评论他有不可思议的能力并总是处在科学研究的“浪尖”上时，他迅速回答道：“说的很对，为什么不这样？不管怎么说，是我制造了波浪，难道不是吗？”听到的人都服气。

神通广大的合成材料

合成材料又称人造材料，是人为地把不同物质经化学方法或聚合作用加工而成的材料，其特质与原料不同，如塑料、玻璃、钢铁等。塑料、合成纤维和合成橡胶号称20世纪三大有机合成技术。有机合成材料的出现是材料发展史上的一次重大突破，从此，人类摆脱了只能依靠天然材料的历史，在发展进程中大大前进了一步，合成材料与天然材料相比具有许多优良的性能，从我们的日常生活到现代工业，农业和国防科学技术等领域，都离不开合成材料。人工合成的高聚物正在越来越多地取代金属，成为现代社会使用的重要材料。它们的出现大大地改善了国民生活质量，对国计民生的重要性是不可估量的。

“塑料王”聚四氟乙烯

近些年来，塑料已在国防、航空、建筑、医疗卫生等行业中大显身手。美国已用塑料建成一座全密封式的体育场；还要用巨大充气塑料气球作贸易中心；甚至出现全部用塑料包起来的城市，在这样的城市里，没有酷暑严寒，四季温暖如春。聚四氟乙烯诞生后，很快就荣获了“塑料王”的美称。在现代生活中，“塑料王”这种合成塑料的用途，极其广泛，举不胜举。

聚四氟乙烯还能在 -269℃ ~300℃下长期使用，在 -260℃液氨中，它的韧性仍然很大，因此可做氢输送管道的垫圈和软管，也可做宇宙飞行登月服的防火涂料。聚四氟乙烯还有一个最奇特的性质，就是摩擦系数很小，被誉为“世界上最滑的材料”。其光滑的程度达到不可思议的地步。比如，用这种塑料制成丝，再织成布，如果桌面上放这样一块布，只要有很小的一角布由桌的一边垂下来，尽管桌面不太光滑，但这块布却会慢慢由那里滑落地上。这是由于布与桌面的摩擦力极小，桌旁垂下的一小角布的重量虽小，也可以把整块布垂下。通常用管道只可以输送液体或气体，尤其是管道向下斜度不大时，更是如此，若是用管道输送粒状固体，若向下倾斜不够大，就会堵塞，这主要是因为管道内壁粗糙，与颗粒摩擦之故。如果在管道内壁衬上一层用聚四氟乙烯塑料制的膜，由于它很滑，也可以运送固体。近年来有的滑雪者在滑雪板的底部粘上一层聚四氟乙烯塑料，在雪地上既滑得快，又省力气，真是一举两得。

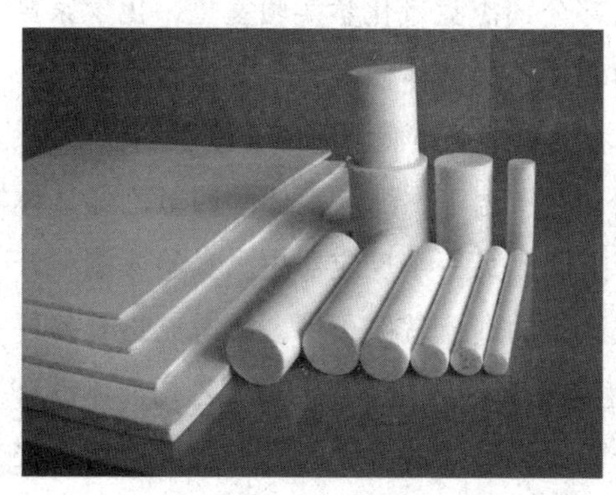
聚四氟乙烯材料

市面上有一种新的所谓不粘底的锅，就是用一层聚四氟乙烯薄层贴在金属锅的内表面，由于这种塑料很耐高温，而且很光滑，故用这种锅煎食物时，即使不放油，食物也不会粘锅底。假如用聚四氟乙烯塑料制轴承及轴，那么轴与轴承间摩擦就很小很小，可省去加润滑油。为什么聚四氟乙烯有如此好的优良性能呢？我们知道乙烯中所有的氢原子被氟原子所取代，就会得到四氟乙烯。氟在化合物中的性能与氢大不一样。一旦它跟另外一个原子结合，如在此处与碳结合，则变很稳定，决不会从另外一个原子中寻找任一个电子来结合。它们围绕碳原子，完全保护碳原子，即使最强烈的化学能，也不会使它们松动。因此，聚四氟乙烯比任何天然的或人造的树脂都稳定，都具有更高的惰性。聚四氟乙烯的原子键合得很牢固，所以几乎不可能把它们分开，不会与其他物质的原子相结合到一块。因为这个原因，所以聚四氟乙烯不会燃烧，不会受腐蚀，也不会被它所接触到的物质所损坏。

它是怎样诞生的呢？

1938年的一天上午，在美国杜邦公司杰克逊化学实验室里，化学家普鲁因凯特和他的助手雷博克正在用四氟乙烯液体做实验。普鲁因凯特将一只盛有四氟乙烯液体的小钢瓶，小心翼翼地从布满干冰的冷藏室中取出来，然后放在磅秤上，助手打开了阀门，在室温下，沸点很低的四氟乙烯液体立即变成气体，争先恐后地沿着管道跑到另一个反应器中。实验才刚一开始一会儿，不知为什么，从钢瓶里逸出的气流就停止了，雷博克指着磅秤上显示的重量，不解地问：“钢瓶里怎么还会有相当多的四氟乙烯液体没有蒸发？”“可能是阀门孔道堵塞了。”思维敏捷的普鲁因凯特边说边用一根细铁丝去疏通阀门孔道。然而，磅秤上的指针依然未动。

咦，这究竟是什么原因呢？好奇的普鲁因凯特摇了几下钢瓶，仿佛觉得里面有些固体也在晃动。看来四氟乙烯自身一定发生了反应，化学家有一种灵感。“雷博克，快拿一把十字镐来。”化学家果断地说。钢瓶的阀门被十字镐凿了下来，果真里面抖落出了一些白色的固体！“啊，一种新的物质在钢瓶里诞生了！”普鲁因凯特激动地拉着助手的手说。

为了充分利用聚四氟乙烯的这些优良性能，世界上一些先进的国家都加强了氟聚合物协合镀层的研究。所谓氟聚合物协合镀层，即将金属表面处理和注入氟聚合粒子两种方法相结合，可赋予基底金属以防腐蚀、自润滑和其他宝贵性能。美国奈特工业公司采用聚四氟乙烯注入硬膜层阳极氧化镀层，将聚四氟乙烯和氧化铝结合起来形成覆盖铝和铝合金的镀层，得到的是一个自固化、自润滑的表面，其性能优于普通硬膜阳极氧化镀层。它们还把此种铝的构件用于美国陆军用的夜视镜，提高了目镜、旋钮、托架等零件的耐磨性。现在已研究成功的不仅有铝的协合镀层，还有铁、铁合金、铜、镍等协合镀层。这项新技术将会发挥越来越大的作用。

知识点

氟

氟，原子序数9，元素名来源于其主要矿物萤石的英文名。1812年法国科学家安培指出氢氟酸中含有一种新元素，但自由状态的氟一直没有制得。直到1886年，法国化学家穆瓦桑将氟化钾溶解在无水氢氟酸中进行电解，才制得单质氟。由于氟非常活泼，所以自然界中不存在游离状态的氟。氟在地壳中的含量为0.072%，重要的矿物有萤石、氟磷酸钙等。氟的天然同位素只有^{19}氟。氟是化学性质最活泼、氧化性最强的物质，氟能同几乎所有元素化合；氟在常温下可以和除惰性气体，氮，氧，氯，铂，金等贵金属外的所有金属和非金属发生剧烈反应，也可以和除全氟有机物外的所有有机物发生剧烈反应；受热的情况下，氟可以和包括金铂等惰性金属在内的所有金属剧烈反应，和除氦氖氮氧外的所有非金属发生剧烈反应，在特殊条件下可以和氮和氧发生反应。

延伸阅读

化学世界的“孙悟空”——乙烯

乙烯诞生在石油裂化炉，这个裂化炉好像《西游记》里太上老君的炼丹炉，乙烯就像是从炼丹炉里逃出来的孙悟空，有七十二般变化，神通广大。生性活泼的乙烯，遇到其他化合物，很容易“摇身一变”成了新的“化身”。它与水结合，就会变成酒精；如果先同硫酸结合，再同水反应，也可以变成酒精。工厂里如果用乙烯制造酒精，能节约大量的粮食。如果许多个乙烯手拉手地连接在一起，只要有一定的压力和一些催化剂，就会聚合起来变成聚乙烯。我们日常生活中使用的食品袋，就是一种聚乙烯薄膜。用聚乙烯做的塑料管，不怕酸碱的腐蚀，又能任意弯曲，比用金属管要方便多得。聚乙烯是个大分子，在单个聚乙烯分子里，有2000多个碳原子。这个分子像是一条又长又窄的长线。聚乙烯液体经过喷丝头喷出，并且使其冷却，就成了聚乙烯纤维。乙烯和丙烯共同聚合，可以生成一种具有橡胶性质的聚合物，叫做乙丙橡胶。乙烯得到银的帮助，能在空气中氧化成环氧乙烷，再加水反应，变成乙二醇，它是制造“的确凉”的原料，也可制造防冻剂。乙烯加上氯化氢，又“摇身一变”为镇痛急救药氯乙烷。如果进一步同铅作用，生成的四乙铅是半个世纪来广泛使用的汽油抗爆添加剂，但是由于铅的毒害，无铅汽油正在逐步顶替它的位置。乙烯也能变成氯乙烯，从而制成聚氯乙烯树脂。它能做成各种塑料用品，或者做成聚氯乙烯纤维，再加工成具有保暖防病作用的内衣。

不会寄存病毒的抗菌纤维

纺织品因受微生物侵蚀而造成的危害是显而易见的。每年全球范围的纺织品生产厂商和消费者因此而遭受的经济损失也是相当惊人的。不仅如此，随着纤维制品，特别是合成纤维制品在工业领域应用的不断扩大，微生物对纤维制品的侵蚀所可能造成的危害也难以估量。由于普通纺织品并无杀菌作用，在人们的日常使用中可能成为各种致病菌繁殖的“温床”，反过来又会造成人体皮肤表面的菌群失调。此外，沾污在纺织品上的细菌，会催化代谢或分解出各种低级脂肪酸、氨和其他有刺激性臭味的挥发性化合物，加上细菌本身的分泌物和尸骸的腐败气味，使纺织品产生各种令人厌恶的气味，影响卫生。某些致病菌的传播除了直接接触以外，更多的是通过间接方式传播的。某些带菌病人或是健康的带菌人通过接触或者咳嗽、喷嚏、口水、鼻涕、痰会将致病菌沾染到各种物体上再传播到别人甚至自己适合于该致病菌繁殖的人体部位而引起疾病，这其中，纺织品是一个重要的传播媒体，尤其是在某些公共场所，如医院、宾馆、饭店、浴室等。有资料表明，世界各国医疗单位发生交叉感染的情况是相当严重的，各国感染率约为3%～17%。这其中，耐药性金黄色葡萄球菌（MRSA）交叉和重复感染正呈现出迅速发展的态势。

抗菌纤维

20世纪50年代中期至60年代中期，美国、日本等国投入大量资金和人力，开始进行纺织品的抗菌整理技术研究，这种研究的重点集中在对纺织品抗菌的可行性和实用价值等方面。到70年代中期，早期的抗菌纺织品已实现大规模工业化生产，其所采用的抗菌整理剂主要为有机金属化合物和含硫化合物。虽然抗菌效果较为理想，但有关对人体的安全性问题逐渐引起广泛的争议。70年代中期以后，低毒性卫生整理剂的开发获得突破性进展，比较著名的有道康宁的有机硅季铵盐（DC5700）、三木里研的芳香卤代化合物等。

以后整理方法加工抗菌防臭纺织品经历了浸渍、涂层（黏合）、树脂整理和接枝键合等工艺发展过程。由于其工艺简单、抗菌剂选择余地大、适用性广等特点而迅速得到广泛应用，但一些在抗菌纺织品发展中迫切需要解决的问题也逐渐显现出来，如抗菌效果的耐久性问题、溶出物对人体的安全性问题以及对织物风格的影响等问题。80年代后期，抗菌纤维开始崭露头角。抗菌纤维通常是将抗菌添加剂通过共混的方法加到纤维内部或表层以内的部分，或者通过化学方法使之固定在纤维表面。这样不仅使抗菌剂不易脱落，而且能通过纤维内部的扩散平衡，保持持久的抗菌效果。1984年，日本品川燃料公司首次开发成功以含银沸石为代表的无机抗菌剂，为抗菌纤维的研究开发奠定了基础。与抗菌整理织物相比，抗菌纤维显示出更大的优点，其抗菌性能优良、耐久性（耐洗性）好、安全性高并且服用舒适。同时，在土工、海洋渔业和工程、汽车、飞机、电线电缆、家用电器、通信器材、各种篷帆织物、填充材料等应用领域有着更广阔的应用前景。从20世纪90年代开始，抗菌纺织品的发展进入了一个新的发展阶段，即抗菌纤维阶段。由于抗菌纤维的开发涉及纺织、化学、生物、高分子和测试分析等多个学科领域，综合技术含量和应用的难度更高，从全球范围看正在进入成熟期。现在国际上抗菌纤维的开发已经覆盖了几乎所有的常规化学纤维品种，其中有不少已实现产业化规模的生产和应用。

需要特别强调的是，抗菌纺织品的开发是一项涉及多学科的系统工程，技术含量和技术难度大大高于一般功能性纺织品的开发。特别是所采用的抗菌剂体系的生态毒性问题涉及使用的安全性问题，与消费者的健康安全和环境保护休戚相关。日本对抗菌纺织品的发展制定有一套严格的管理和监控制度，从而为消费者安全使用抗菌纺织品提供了保证，同时也为抗菌纺织品的发展进行了有序的规范。

从消费需求和市场发展的趋势分析，抗菌纤维及其制品具有十分可观的发展前景，其应用领域正在逐渐向3个主要方向细分：医疗卫生和保健防护用品领域、服装服饰和家用纺织品领域以及产业用纺织品领域。这3个领域的发展重点分别是：抗菌医疗保健产品开发的系列化和专业化，提高抗菌服用和家用纺织品的舒适性以及大力开拓抗菌纤维及其制品在产业用或其他领域的应用。实践表明，要使抗菌纤维健康有序的发展，需要多学科的协同攻关和相关检测技术以及标准化工作的同步发展。为此，我们还有很多工作要做，还有很长的路要走。

金黄色葡萄球菌

金黄色葡萄球菌是人类的一种重要病原菌，隶属于葡萄球菌属，有“嗜肉菌”的别称，是革兰阳性菌的代表，可引起许多严重感染。它在自然界中无处不在，空气、水、灰尘及人和动物的排泄物中都可找到。因而，食品受其污染的机会很多。美国疾病控制中心报告，由金黄色葡萄球菌引起的感染占第二位，仅次于大肠杆菌。金黄色葡萄球菌肠毒素是个世界性卫生难题，在美国由金黄色葡萄球菌肠毒素引起的食物中毒，占整个细菌性食物中毒的33%，加拿大则更多，占到45%，我国每年发生的此类中毒事件也很多。

延伸阅读

为何允许食品中存在金黄色葡萄球菌

卫生部于2011年11月24日公布食品安全国家标准《速冻面米制品》(GB19295－2011)。在近期几大速冻品牌食品因检出金黄色葡萄球菌而下架的背景下，因有条件允许金葡菌限量存在，新国标引来议论纷纷。卫生部专家称，新国标更加科学合理，并没有降低要求。

对此卫生部解释说：金黄色葡萄球菌广泛分布于空气、土壤中，人和动物是主要携带者，通常存在于50%或更多健康人群的鼻腔、咽喉、头发和表皮中，对热敏感，一般烹饪煮熟即可杀灭。金黄色葡萄球菌食物中毒主要是由其产生的致病性肠毒素导致的，通常在金黄色葡萄球菌大于10^5菌落数/克时可能产生致病性肠毒素，引起食物中毒。速冻面米制品在－18℃以下保存时，不利于金黄色葡萄球菌繁殖和产生肠毒素。

卫生部还表示：国际食品微生物标准委员会根据致病菌及其致病风险，将金黄色葡萄球菌列为一般性危害致病菌，通常采用三级采样方案。三级采样方案具体意义是：规定同一批次产品采样数（n）、微生物指标可接受水平的限量值（m）、最大可允许超出m值的样品数（c）、微生物指标的最高安全限量值（M）。

奇妙的调温纤维和变色纤维

调温纤维

传统的纤维材料主要是通过其织物隔绝空气流通，即通过阻断织物的内外环境之间的热传递（热辐射、热传导和热对流）起到被动保温作用，而纤维自身不具有主动调节温度的能力。调温纤维就是具有温度调节功能的纤维，当外界环境变化时它具有升温保暖或降温凉爽的作用，或者兼具升降温作用，可在一定程度上保持温度基本恒定。调温纤维按照其调温机理和作用，可分为单向温度调节纤维和双向温度调节纤维两大类。双向调温功能的纤维是一类较新型的、十分具有前景的智能纤维。

调温纤维织品

蓄热调温纤维的使用通常与其他纺织纤维相同，既可常规纺织加工，如纺纱、针织或梭织等，也可经非常规纺织方法加工，如非织造、层压等方法制成各种厚度和结构的制品。尽管蓄热调温纤维的加工与常规纤维没有明显区别，但其制品与常规纤维制品却有明显的差异，即它有随环境温度变化而在一定温度范围内自动双向调节温度的作用。

传统纤维纺织品的保温主要是通过绝热方法来避免人体皮肤温度降低过多，其绝热效果主要取决于织物的厚度和密度，而蓄热调温纤维纺织品除具有传统纺织品的保温作用外，还具有温度调节功能，它可通过热调节而不是热隔绝而为人体提供舒适的微气候环境。这种调温纺织品由于应用了相变材料，相变材料在发生相变时对外界环境吸收或释放热量，且在相变的过程中温度保持不变，因而这种纺织品不论外界环境温度升高还是降低时，它在人体与外界环境之间可建立一个“动态的热平衡过程”，起一个调节器的作用，缓冲外界环境温度的变化，即它除具有传统纺织品的静态保温作用外，还具有由于相变材料的吸放热引起的动态保温作用。

具体而言，蓄热调温纤维纺织品可保持人体表面小气候温度基本恒定的热效应体现在两个方面：一是吸热降温效应，即当人体温度或周围环境温度升高时，吸收并贮存热量，降低体表温度；另一是放热保温效应，即当周围环境温度降低时，释放热量，减少人体向周围放出热量，以保持正常体温。因此，蓄热调温纤维尤其适合用于各类自动调温服装，如T恤衫、衬衣、连衣裙、内衣裤、睡衣、袜和帽等日常民用服装；手术衣、烧、烫伤病员服、老弱病人服和儿童服等医疗保健服装；滑雪衫、滑雪靴、手套、游泳衣、体操服和极地探险服等运动服；消防服、炼钢服、潜水衣、军服

和宇航服等职业服装内衬等。如用于运动服装，当人体在剧烈运动状态时过量的热量被吸收储存，而在休息或静止状态时，热量又被释放回人体，因此可以避免人体出现高温现象，并且可以及时调节人体与外界环境之间的温差，使人体体温处于一种相对的恒定状态，从而在运动时不感到热，停止运动时不感到冷。

变色纤维

变色纤维是其在受到光、热、气、液或辐射等外界刺激后，具有能自动显色、消色或呈现有色变化这些变色功能的纤维。在变色纤维中，较广泛开发应用的是具有可逆变色功能的光致变色纤维和热致变色纤维。

光致变色纤维是指某些物质在一定波长光的照射下会发生变色，而抵抗另一种波长的光或热的作用下又会可逆地变化到原来颜色的现象。具有光致变色功能的纤维称为光致变色纤维或光敏变色纤维。多数光致变色纤维能够在停止光照后回复原来颜色。光致变色纤维是通过各种途径将具有光致变色特性的物质（光致变色体）引入纤维而制得。

光致变色纤维由于其颜色能随外界环境变化而发生可逆变化，因此可使服饰制品的色彩富于变化，不但可满足当代消费者追求新颖的消费心理，而且使人类与环境的关系更加协调。用光致变色纤维可制成各种光致变色绣花丝绒、针织纱、机织纱等，用于装饰皮革、运动鞋、毛衣等诸多制品。光致变色纤维还可用于安全服、防伪制品、床罩及灯罩、窗帘等室内装饰品，如用于制作光致变色窗帘，可调节室内光线。

在军事上，光致变色纤维可作为伪装装置隐蔽材料用于军需装备、军服等。早在越南战争期间，美国就曾将光致变色织物用于作战服装，以达到军事伪装的目的。

热致变色是指物质受到热或冷时所发生的颜色变色现象。当这种颜色转变具有可逆性时，则为可逆热致变色。所谓热致变色纤维，通常就是指具有可逆热致变色功能纤维，又称热敏变色纤维。热致变色纤维主要是通过在纤维中或其表面引入可逆热致变色材料而制得。

热致变色纤维可用于制作热致变色滑雪服、游泳衣等运动服装，以及日常穿着等的变色服装，其不仅具有新颖性，而且可提高某些场合下的可视性，并可由于颜色的变化而调节服装织物对太阳能的吸收特性，从而调节温度。可以把微胶囊化的热致变色液晶在黑色布料上印制成各种图案，温度变化时黑色布料上呈现出红、绿、蓝等各种鲜艳的彩色图案，用于制作别具特色的变色服装。用热致变色纤维制作变色灯罩、窗帘等，可调节光线。热致变色纤维用作某些仪器、设备、管道等的表面或外包材料，当温度变化时较易发现，可起到安全标志的作用。具有特定变色温度的纤维可用作乳腺癌、甲状腺癌等部位皮肤的贴敷材料，或用作受伤部位的贴敷或包扎材料，较小的温差即可由显示的不同色彩反映出来，以利于诊断和治疗。热致变色纤维还可用于变色玩具、防伪标识、测温元件及军事伪装等方面。热致变色纤维与光致变色等功能的纤维结合使用，将具有更广阔的应用前景。

除光致变色和热致变色纤维外，近年开发的还有气致变色、辐射变色、生化变色等变色纤维。变色纤维的种类很多，它们在生化物质或辐射检测、特种安全生产服或防护服、特殊防伪标记和军事伪装等许多特殊用途方面具有应用前景。

甲状腺癌

甲状腺癌即甲状腺组织的癌变。自20世纪80年代中期前苏联切尔诺贝利核电站核泄漏事故以后，甲状腺癌是近20多年发病率增长最快的实体恶性肿瘤，年均增长6.2%。目前，已是占女性恶性肿瘤第5位的常见肿瘤。

甲状腺癌的病因不是十分明确，可能与饮食因素（高碘或缺碘饮食），射线接触史，雌激素分泌增加，遗传因素，或其他由甲状腺良性疾病如结节性甲状腺肿、甲亢、甲状腺腺瘤特别是慢性淋巴细胞性甲状腺炎演变而来。

甲状腺癌一般分为分化型甲状腺癌包括甲状腺乳头状（微小）癌和甲状腺滤泡状癌，低分化型甲状腺癌如髓样癌和未分化型甲状腺癌，还有一些少见的恶性肿瘤，如甲状腺淋巴瘤，甲状腺转移癌及甲状腺鳞癌等。其中，甲状腺乳头状癌的比例约为90%，甲状腺滤泡状癌的比例约为5%，甲状腺髓样癌的比例约为4%，其余为甲状腺未分化癌等其他恶性肿瘤。

防辐射纤维

电磁波，在造福人类的同时，也会产生危害环境、危害人体的负面效应。归纳这些危害，分为两类。一类是使生物体产生热效应，当其吸收量超过某一界限时，生物体因不能释放其体内产生的多余热量，致使温度升高而受到伤害。另一类危害是非热效应，生物体虽不产生升温作用，但能改变机体结构而造成功能紊乱，其累积作用会引发失眠乏力、神经衰弱、心律不齐、组织异变以及诱发白血病和癌症等病变。

对于不同种类的射线辐射，防护材料都以屏蔽率作为防护标准。所谓屏蔽率是指射线透过材料后辐射强度的降低与原辐射强度之比，这一性能直接决定防辐射材料的可靠性。基于对人体的防护，在开发防辐射板材的基础上又开发了一系列纤维材料。这些新纤维有一定强度和弹性，易于织造、裁剪和缝制，可以制成罩布和服装，防护性能好，质量轻，柔性好，使用非常方便，因而备受推崇。

近20年来，随着现代科技的发展，防辐射问题已提到议事日程上来，各类防辐射纤维相继问世，归纳有防电磁辐射纤维、防微波辐射纤维、防远红外线纤维、防X射线纤维、防α射线纤维、防γ射线纤维、防中子辐射纤维等一些新材料。

高分子吸水剂

市场上出现“小儿尿不湿”后，人们都感到很惊奇，不知它是一种什么材料做成的，竟有如此好的吸水魔力。我们知道，通常使用的干燥剂很多，如生石灰、无水氯化钙、浓硫酸等，但它们的吸水能力都比较低。最近几年来，研制出一种高吸水材料，它可以在几分钟内吸收相当于自身重量几百倍乃至上千倍的水，也可吸收相当自身重量几十倍的电解质水溶液、尿、血液等，而且当受到外界压力时，也不会失去吸收的水。这种神奇的材料叫高分子吸水剂。最早它是用淀粉经过化学处理以后制成的。高分子吸水材料选用的是不溶于水的支链淀粉，经过化学加工后，使其分子链盘结成固状结构。因为淀粉分子是由许多葡萄糖分子键合起来的，而葡萄糖分子有多个亲水基团，因此当这种高分子吸水材料遇到水时，分子链内部的亲水基团对水有特殊的亲和作用，水分子就一个个地往里钻。淀粉的分子链迅速伸长、舒张，把水分子包围固定在里面，形成网状结构。正像用网兜装苹果那样，表面看网兜不大，可打开后能装很多苹果。这种吸水材料可吸水达自身重量的几百倍至1000倍。高吸水材料，也可用人工合成方法制得，主要是聚丙酸盐类、聚乙烯醇类和聚环氧乙烷类等。这类树脂之所以具有大量吸水本领，主要是它们有三度空间网状结构，并且和淀粉一样具有众多的亲水基团。

小儿尿不湿

当它们遇到水后，高分子网状结构膨润、张展，渗透进入的水分子便可以与众多的亲水基相结合。因此研究设计合成具有亲水能力的基，以及增大网结构孔径，增长交联链的长度，是提高树脂吸水速度和吸水能力

的重要途径。这些高分子吸水材料已在农业、林业、医药卫生等方面得到了广泛应用。例如，用它制成“吸水土”，在春旱或干旱地区拌种下地，可以保证种子出苗与生长。过去，我国黄土高原上植树很困难，现在在树苗根部放入一些吸足水的高分子材料，就如同为其建造了一座小水库。现在，市场上卖的高吸水尿布和妇女用的卫生巾，就是用这类吸水材料和无纺布混合制成的，一块婴儿尿布可反复使用。在医疗卫生方面可做人工玻璃体、缓释药物的载体以及人工脏器材料等。若用它调制成皮肤用的药膏，搽在患处，则无油腻感，保持湿润，可延长药效。世界上不仅出现了吸水大王，而且也出现了吸油大王。该吸油大王，即人造吸油“海绵”。

据统计，全世界石油总产量中约有1‰流入海洋，平均每百平方米海面有1克石油渗入。如何消除石油对海洋的污染，一直是科学工作者研究的重要课题。最近，日本触媒化学工业公司首创了高吸油性“海绵”，它可以吸附达自重25倍的各种油。该公司借鉴高吸水性树脂的技术诀窍，以丙烯类树脂作为吸油的原料，在制造工艺上着重于分子设计，供其在单体复合时，依靠分子间的张力将油吸附。它吸油量大，在油与水共存时，能有选择性地吸油。当发生原油泄漏时，只需根据原油泄漏量投入相应量的吸油“海绵”即可。吸足油的“海绵”以0.9左右的密度浮于水面，回收处理极为方便。“雷公打豆腐，一物降一物。”人类可以利用掌握的化学知识和技术，设计制造出许多具有奇特功能的材料，以满足人类生产生活的需要。

葡萄糖

葡萄糖是自然界分布最广且最为重要的一种单糖，它是一种多羟基醛。纯净的葡萄糖为无色晶体，有甜味但甜味不如蔗糖，易溶于水，微溶于乙醇，不溶于乙醚。水溶液旋光向右，故亦称“右旋糖”。葡葡糖在生物学领域具有重要地位，是活细胞的能量来源和新陈代谢中间产物。植物可通过光合作用产生葡萄糖。葡萄糖能用淀粉在酶或硫酸的催化作用下水解反应制得。它在生物体内发生氧化反应，放出热量。它在糖果制造业和医药领域有着广泛应用。

延伸阅读

快速治伤的氯乙烷

激烈的足球比赛中，常常可以看到运动员受伤倒在地上打滚，医生跑过去，用药水对准球员的伤口喷射，不用多久，运动员便马上站起来奔跑了。医生用的是什么妙药，能够这样迅速地治疗伤痛？这是球场上“化学大夫”的功劳，它的名称叫氯乙烷，是一种在常温下呈气体的有机物，在一定压力下则成为液体。当球员被撞以后，有些软组织挫伤，或者拉伤了，这时候，医生只要把氯乙烷液体喷射到伤痛的部位，氯乙烷碰到温暖的皮肤，立刻沸腾起来。因为沸腾得很快，液体一下就变成气体，同时把皮肤上的热也“带”走了。于是负伤的皮肤像被冰冻了一样，暂时失去感觉，痛感也消失了。这叫局部冰冻，也使皮下毛细血管收缩起来，停止出血，负伤部位也不会出现淤血和水肿。这种使身体的一个地方失去感觉，又不影响其他部分感觉的麻醉方法，叫做局部麻醉。足球场上的“化学大夫”就是靠局部麻醉的方法，使球员的伤痛一下子消失的。这种药只能对付一般的肌肉挫伤或扭伤，用作应急处理，不能起治疗作用。如果在比赛中造成骨折，或者其他内脏受伤，它就无能为力了。

“弹性之王”橡胶

世界上荣获“弹性之王”称号的物质是什么呢？是橡胶。橡胶可以拉伸到原来长度的 7～8 倍，外力一消失，它又迅速地恢复到原来的状态。你想想看，其他一切材料，钢铁、铝、铜、塑料……在弹性方面，又有哪一种能与之相比呢？橡胶不但具有优异的弹性，还具有绝缘性、不透气性、耐腐蚀性、抗磨损性等宝贵性能，因而它成了现代化建设不可缺少的材料。

翻开橡胶的历史，可以看到从人类发现橡胶到制成橡胶制品，从天然橡胶到合成橡胶，充满着人生的艰辛跋涉，倾注着许多化学工作者的智慧与汗水。

人类最早认识橡胶的是美洲最古老的居民——印第安人。1493 年，航海家哥伦布第二次航行到美洲的海地岛。他看到岛上印第安人的儿童，一面哼着歌曲，一面和着节奏欢乐地把一个黑色的球扔来扔去，这球落到地面后，竟然会弹跳到几乎与原来一样的高度。哥伦布大为惊讶，仔细地向印第安人打听，才知道世界上有一种弹性非常好的物质——橡胶。

相传大约在 500 多年前，墨西哥原始大森林的印第安人，发现一种树，只要碰破一点树皮，就会流出像牛奶一样的泪水。这泪水能形成薄膜，不漏水，有弹性，它就是我们现在所说的胶乳，会流泪的树就是橡胶树。胶乳其实是橡胶分散在水里的溶液，化学上称这种溶液叫“胶体溶液”。把这种胶体溶液加入少许醋酸，或用燃烧椰壳等植物时生成的烟进行熏烤，胶汁就会凝固成具有弹性的黄色固体物质。人们叫它“生橡胶”。生橡胶性能很差，受热发黏，遇冷变脆，因此它的使用范围大大受到限制。又一件偶然事件发生了，使橡胶的命运发生了很大改变，开辟了橡胶利用的广阔天地。

橡胶树

19 世纪中叶的一天，一个叫古德意的美国人在无意中把一块生橡胶和一小块硫黄弄进了火炉，他慌忙找来火钳将橡胶取出。然而，奇迹出现了，这团从火炉取出的橡胶变了！变得更加坚韧、更富有弹性，尤其令人兴奋的是，原来温度一高就变软发黏的生橡胶，从火炉中经高温后，却反而不黏了。这是橡胶史中一个划时代的发现，开创了橡胶硫化的新工艺，为橡胶的利用打开了大门。生橡胶是由聚异戊二烯线型大分子组成，它的性质因受温度影响而发生变化。温度高时变得十分黏稠，温度低时则又变硬脆。为了改进生胶的性能，获得需要的橡胶制品，可将生胶进行“硫化”，使橡胶分子链间发生交连，生成网状大分子。同时硫化过程中还加入一些填充剂（如炭黑、陶土等）和防老化剂等。硫化后的熟橡胶，在抗张强度和耐磨等机械性能上都有很大提高。橡胶在国防上具有特殊的用途，在工农业生产和日常生活中也少不了它。它的最大特点是具有出色的高弹性、电绝缘性、防水性和不透气性，因此它是一种宝贵的材料。一辆坦克需要800千克橡胶，一艘3万吨级的军舰就要用68吨橡胶。人类对橡胶的需要量越来越大，而橡胶的生长速度却远远不能满足人类的需要。在这种形势下，各国竞相发展合成橡胶。

在第一次世界大战期间，德国首先由乙炔合成甲基橡胶。以后美、俄、德等国在战后又研制了丁钠橡胶、丁苯橡胶、氯丁橡胶等。目前已生产的合成橡胶不下几十个品种，产量远远超过了天然橡胶。丁苯橡胶其耐磨性、耐老化及耐热性都比天然橡胶好，目前主要用于汽车轮胎和各种工业橡胶制品。人们按习惯将它们大体分作通用和特种两类。通用指在一般民用产品方面及轮胎制造上；特种当然就是指在高温、低温、酸碱腐蚀、辐射等特殊环境中使用的橡胶。

在日常生活中，你到处可以看到用橡胶制成的物品：汽车与飞机的轮胎、机器传动带、雨衣、雨鞋、潜水衣、电线绝缘外套等，真是数不胜数。橡胶不但用途广，而且用量大。造一辆卡车需生胶250千克，造一架喷气式战斗机需生胶600千克，造一艘轮船需要生胶几十吨……

人们为了获得橡胶，大力开辟橡胶园，然而，大自然是吝啬的。每667平方米土地只可种25～33株橡胶树，种植6年后开始产胶，可连续产胶25年。每年每667平方米土地可获生胶约50千克。可是，这些胶还不够制造一辆卡车用。橡胶树还不能四海为家，只生长在热带。人们经过上百年的努力，使全世界天然橡胶的年产量上升到300万吨，还是满足不了实际需要。

在近代，随着科技水平的提高，特别是航空、航天事业的迅速发展，对橡胶新品种的要求也更加迫切了，人们将无机元素硅引入到有机世界中，研制出最新颖的特种橡胶——硅橡胶。它既能耐低温、又能耐高温，在-65℃~250℃之间仍能保持弹性。所以它成了飞机和航天飞机等理想的密封材料。而且它的绝缘性能也十分优越，因此还广泛应用在高精密仪表元件的制造中，人们称它是飞机和宇航工业中不可缺少的材料。如果在硅橡胶中，加入乙炔炭黑作导电填料，便可制成一种叫做斑马胶的导电橡胶。斑马胶是电子手表和其他仪表的专用材料。用斑马胶连接电子手表的集成电路和液晶指示屏，既可防震，又可传导电讯信号，而且调换部件也方便。硅橡胶还常常被做成人造关节、人造软骨甚至人工心脏瓣膜而植入人体，使病人像更换机器零件一样将病残部位得到更换，从而恢复功能。同时它还在整容、美容上广泛用作空腔部位的填补，用它不仅病人痛苦少，而且费用也低，能收到很好的效果。另一种身怀绝技的合成橡胶是丁腈橡胶。它是用丁二烯和丙烯腈这两种有机材料聚合而成的。

它是橡胶家族中当之无愧的“耐油之冠”，对矿物油、植物油等油脂的抵抗能力极强。而且这种耐油能力还可随着它含丙烯腈这种成分的增加而提高。同时，在这里面再加一点别的材料后，还可使它具有被子弹穿射后射孔能自动封闭的特性，因而用它做油箱被子弹射中后，只能“穿”而不起洞，不会漏油。目前，这种橡胶材料被用来制造飞机和军用汽车的防弹油箱。还用它制造油封垫圈、输油管道、印刷胶辊、耐油胶靴等。橡胶制品现在已进入我们人类的各个生活领域，到处都有它的踪迹，如何使橡胶更好地为人类服务，如何使橡胶“听人的话”，这是未来橡胶的发展目的和方向。橡胶在未来的时代里，必将发挥出更大的魔力！

合成橡胶的原料可以从石油得到源源不断的供应，从此更是突飞猛进。合成橡胶的年产量已从无到有，年产量已达到600多万吨，远远超过了天然橡胶的产量。合成橡胶生产发展快，性能各有千秋，可胜任某些天然橡胶所不能担当的工作。这真是“窥破天机制橡胶，青出于蓝胜于蓝。”

醋　酸

醋酸的国际通用名是乙酸，广泛存在于自然界，它是一种有机化合物，是典型的脂肪酸。被公认为食醋内酸味及刺激性气味的来源。在家庭中，乙酸稀溶液常被用作除垢剂。食品工业方面，在食品添加剂列表中，乙酸是规定的一种酸度调节剂。乙酸的制备可以通过人工合成和细菌发酵两种方法。现在，生物合成法，即利用细菌发酵，仅占整个世界产量的10%，但是仍然是生产醋的最重要的方法，因为很多国家的食品安全法规规定食物中的醋必须是由生物制备的。

蛋中藏情报

第一次世界大战中，索姆河前线德法交界处法军哨兵林立，对过往行人严加盘查。一天，有位挎篮子的德国农妇在过边界时受到盘查。篮内都是鸡蛋，毫无可疑之处，一年轻好动的哨兵顺手抓起一只鸡蛋无意识地向空中抛去，又把它接住，此时那位农妇立即变得情绪很紧张，这些引起了哨兵长的怀疑，鸡蛋被打开了，只见蛋清上布满了字迹和符号。

原来，这是英军的详细布防图，上面还注有各师旅的番号。这个方法是德国的一位化学家给情报人员提供的，其做法很简单：用醋酸在蛋壳上写字，等醋酸干了以后，无任何痕迹。但再将鸡蛋煮熟，字迹便会奇迹般地透过蛋壳印在蛋清上。

为什么化学家能巧出主意，蛋中藏机密呢？这主要是醋酸与其他物质反应的结果。鸡蛋壳的主要成分是碳酸钙，用醋酸写字时，醋酸与鸡蛋壳

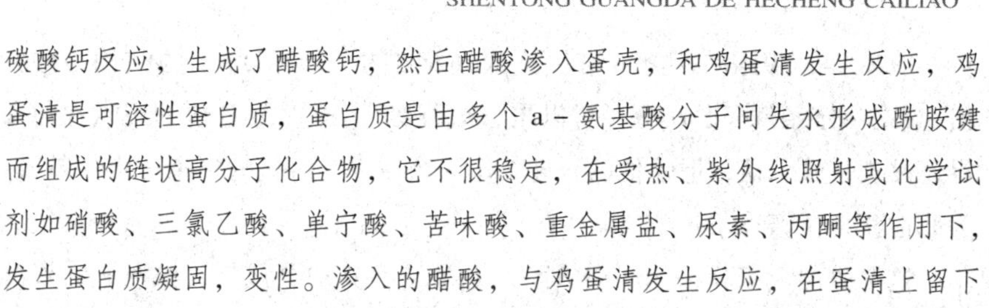

碳酸钙反应，生成了醋酸钙，然后醋酸渗入蛋壳，和鸡蛋清发生反应，鸡蛋清是可溶性蛋白质，蛋白质是由多个a－氨基酸分子间失水形成酰胺键而组成的链状高分子化合物，它不很稳定，在受热、紫外线照射或化学试剂如硝酸、三氯乙酸、单宁酸、苦味酸、重金属盐、尿素、丙酮等作用下，发生蛋白质凝固，变性。渗入的醋酸，与鸡蛋清发生反应，在蛋清上留下了特殊的痕迹，待鸡蛋煮熟后就会有清晰可认的字迹来。所以化学家巧用醋酸反应，情报妙藏蛋中。

羊毛不出羊身上

“羊毛出在羊身上”，这是人人皆知的一句俗话。可是，在科学技术飞速发展的今天，羊毛已经不是全部出在羊身上了。不出在羊身上的“羊毛”，叫合成羊毛，化学名字为聚丙烯腈（简称腈纶）。

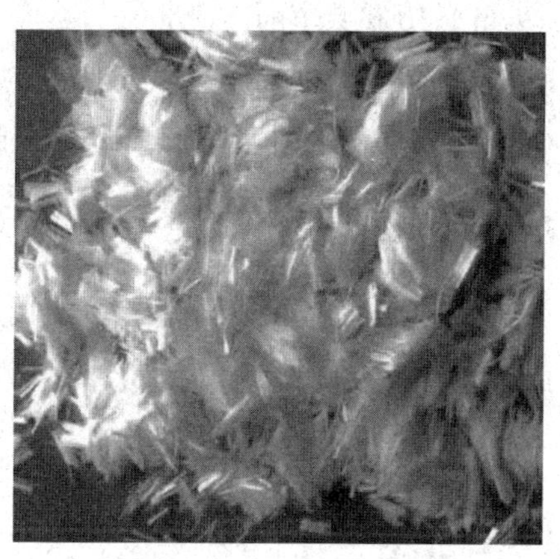

腈　纶

人类用羊毛织成各种羊毛衣、羊毛毯等羊毛织物已有上千年的历史了。羊毛由多种蛋白质组成，其中主要的一种叫“角蛋白”。这种角蛋白营养丰富，是某些小虫特别爱吃的食物，所以羊毛衣、羊毛毯很容易受到虫的蛀蚀。羊毛虽然有这个缺点，但是因为它的纤维具有柔软、容易卷曲、保暖性好、分量轻、能复制等优点，所以仍很受人们的喜爱。不过，从一头羊身上一年只能剪取几千克到十几千克的羊毛；饲养一头羊，又要付出很多的劳力，因而羊毛的产量不能不受到条件的限制，价格也难以降低。

能不能用化学的方法，制造出一种像羊毛一样的“羊毛”呢？人们从黏胶纤维的成功中获得了某种启示。于是，科学家的目光又投入了人工合成纤维的领域之中。

1920 年，德国的斯陶丁格教授成功地剖析了天然纤维的结构，并指出："在一定条件下，小分子可以聚合成纤维。"当时尽管他的观点在化学界还没被正式承认，但是他的研究工作为合成纤维时代的到来奠定了基础，为此他获得了诺贝尔化学奖。

这里先向大家介绍你们很熟悉，也是很喜欢的合成纤维品种——聚酯纤维。

1950 年可称得上是合成纤维大丰收的一年了，在这一年，人们还研究出了在工业上制造腈纶的工艺。腈纶学名叫聚丙烯腈，其原料是丙烯腈，丙烯腈可以由电石制造，也可以用石油裂解和炼油废气中的丙烯来制造。

其特点是绝热性能优良，耐日晒雨淋能力强，蓬松性好，羽毛型感，用它制成的毛线和毛毯摸上去与真羊毛的感觉几乎一样！这就是人们从 1893 年就开始寻找的"人造羊毛"。经过人们苦苦追寻了半个多世纪，它终于来到了世界。这样合成羊毛的来源就极其丰富了，价格也便宜了。腈纶的生产发展迅速，到今天，世界上腈纶的年产量已达到 1000 万吨左右，相当于 10 亿只羊的产毛量。

"羊毛出在羊身上"成了历史的遗言。今天来说"棉花长在工厂里"也并不新鲜了。20 世纪 60 年代，人们又在工厂里合成了一种新的纤维。它白如雪、轻如云、暖如棉、柔如绒，吸水性和手感与棉花相似，因此有"合成棉花"之称。你可能万万想不到的是，这种"合成棉花"也是由化学家们像魔术师变戏法一样用石头做原料"变"来的。这种由石头变来的纤维叫做"维尼纶"，它的化学名称是聚乙烯醇缩甲醛纤维。

斯陶丁格

斯陶丁格（1881－1965），德国化学家，高分子化学奠基人。1920 年，他在论文《论聚合》中首次发表了自己的观点，认为像橡胶、纤维、淀粉、蛋白质等自然物质是由几千乃至几百万个碳原子，像链条那样联合起来的高分子。这些链条不是像棍棒那样直挺挺的，而是卷曲着或绉褶着。链于链之间互相搭接，组成特殊的空间结构。由于这个学说超越了当时的分子概念，所以受到一些科学家的猛烈抨击。然而，斯陶丁格坚持自己的观点。1938 年奇迹般的事情出现了，美国化学家卡罗塞斯将己内酰胺（小分子）用碱性物质作催化剂，得到了强度很高的人造纤维——尼龙。从而有力地证实了斯陶丁格理论的正确性。从此，人们在斯陶丁格链结构理论的指导下，分别将乙烯、丙烯、丁二烯……进行聚合，得到了琳琅满目的高分子产品。他著名的“链”学说，成为他通向 1953 年诺贝尔化学奖的阶梯。

延伸阅读

最早的合成纤维

尼龙，又名“卡普隆”、“锦纶”，化学名称是聚酰胺纤维。它是世界上首先研制出的一种合成纤维。

美国杜邦公司选择来源丰富的苯酚进行开发实验，到 1936 年在西弗吉尼亚的一家化工厂采用新催化技术，用廉价的苯酚大量生产出己二酸，随后又发明了用己二酸生产己二胺的新工艺。杜邦公司首创了熔体纺丝新技术，将聚酰胺 66 加热融化，经过滤后再吸入泵中，通过关键部件（喷丝头）喷成细丝，喷出的丝经空气冷却后牵伸、定型。1938 年 7 月完成试验，首次生产出聚酰胺纤维。同月用聚酰胺 66 作牙刷毛的牙刷开始投放市场。10 月 27 日杜邦公司正式宣布世界上第一种合成纤维诞生了，并将聚酰胺 66 这种合成纤维命名为尼龙。

尼龙的合成奠定了合成纤维工业的基础。用这种纤维织成的尼龙丝袜既透明又比真丝袜耐穿，1939 年 10 月 24 日杜邦公司在总部所在地公开销售尼龙丝长袜时引起轰动，被视为珍奇之物争相抢购，混乱的局面迫使治安机关出动警察来维持秩序。当时人们用“像蛛丝一样细，像钢丝一样强，像绢丝一样美”的词句来赞美这种纤维。

无迹可寻的隐形材料

一只蝴蝶落在花朵上，看上去好像是为花朵增加了一个花瓣；酸苹果树上的蜘蛛从不结网，只是静静地躲在花上，变成跟花一样的颜色，轻而易举地捕捉前来栖息的幼虫。你看，昆虫的“隐身术”是多么高明啊！

在军事技术上，也有类似的隐身技术。像侦察中的化装术和通信中的干扰术，飞机和导弹的隐身技术等。不过，这里的“隐”字，不是对眼睛来说的，而是对雷达、红外电磁波和声呐等探测系统来说的。目前，军用飞行器的主要威胁是雷达和红外探测器。

那么，有没有什么办法对付这种威胁呢？有的，采用“隐形材料”就是一种好办法。

1982 年 6 月初的一天，黎巴嫩的贝卡谷地显得十分闷热，防空部队的雷达兵们汗流浃背地守卫在荧光屏前，屏幕上除了司空见惯的地物回波外，什么敌情信号也没有。然而，就在这寂静炎热的气氛中，6 月 9 日下午，当时钟刚刚指向 2：14 的时候，以色列的 96 架战斗轰炸机，突然出现在贝卡谷地上空，向 19 个“萨姆—6”防空导弹营同时发起了猛烈的轰炸攻击，仅仅用了 6 分钟的时间，就把这些防空导弹营全部摧毁！

原来以色列空军在偷袭以前使用了具有隐形效果的“侦察机”，它悄悄地躲过了雷达的监视，飞到贝卡谷地上空，拍摄了叙利亚军队阵地上的大量照片，还录下了叙利亚军队防空雷达的频率和波长，为偷袭作了充分的准备。

由此看来，在现代战争中，武器的突防能力是取得胜利的重要条件之一。对敌方进行“突然袭击”能不能获得成功，又跟能不能被对方发现有很大关系，而研究“隐形材料”，就是为了减少被对方发现的可能性。因此，近些年来，国内外的军事科学家正致力于“隐形材料”的研究和应用。

美国是当今世界上研究“隐形技术”起步最早、投资最多、花力气最大的国家。早在20世纪60年代美国为了从空中获取其他国家的军事情报，研制出了一种叫“黑鸟”（也叫SR－71）的高空侦察机，这种飞机雷达有效反射很小，不容易被对方的雷达发现。原来其隐形的秘密在于它机身外面的一层特殊的涂料。这是一种由两层镶在聚胺醛甲酸乙酯塑料中的反射性铁素体材料，中间夹一层绝缘体组成的。各层材料的厚薄，通过精密的计算，有严格的规定。这样，当雷达波射来时，两层反射材料分别将其反射回去，恰恰使一个反射波的波峰处于另一个反射波的波谷位置，于是就产生了相消干扰作用，从而使两个反射波都抵消掉，敌雷达屏上就得不到任何信号了。

然而，美国的这种隐形材料也有局限性。这就是由于这种像三明治般的夹层材料各层的厚薄已经固定，它只能对付敌雷达的一种波长。要对付另一种波长，就得另外确定材料各层的厚度，大致说来，飞机的这种涂料可以包含有多种这样的材料，因而能同时对付多种不同波长的雷达探测，但是数目毕竟有限。因此，研究性能更好的“隐形材料”这一课题又摆上了美国五角大楼的议事日程。

一批来自匹兹堡的卡内基—梅隆大学的科学家，在化学系主任罗伯特·伯奇博士的率领下，多年来一直对人眼睛中的一种化学物质进行研究。这种物质叫“席夫碱性盐”，它存在于眼底视网膜中对光十分敏感的视网膜杆状细胞中，由于这种细胞同时含有一种叫视紫红质的成分，在光的光子进入眼中时，视紫红质能够在瞬息之间引起席夫碱性盐分子结构产生变化，并且在恢复原状前，使其与周围的物质产生一系列神经化学反应，从而最后导致人脑最终产生视觉。为了再现这一生理过程，伯奇博士研究小组试图复制席夫碱性盐的一种简单分子结构，成为实验室试验的模型。这是一种非常细致、复杂的工作。他们失败了多次，搞出来的一些分子结构作为对可见光产生生物反应的模型均不甚理想。但出乎意料的是，科学家们发现，有一种结构居然能绝妙地吸收电磁辐射波，也就是雷达波。这正是“无意插柳柳成荫”，伯奇博士的这一发现简直使美国国防部欣喜若狂。投入了重金试制这种能够吸收雷达波的化学材料并获得了成功。这是一种复合材料，每一种材料可以吸收一段雷达波长，将它们混合在一起，研制出新型的涂料，可以万无一失地覆盖整个雷达波长谱。用这种复合涂料的飞机在雷达屏幕上将是全“透明”的，没有任何痕迹！

当然，美国军方并不准备专门依靠一种技术使飞行武器“隐形”，归纳起来有四种措施：

第一，如前所述，在机身上涂上一层能够吸收电磁波的材料。这种在视觉中吸收光的分子结构可以用来制成飞机涂料从而吸收雷达波，使飞机隐形。

第二，采用吸收雷达波的复合材料。这种材料的内部分子结构疏松，受到雷达波辐射以后会产生振动，把雷达波转换成热能而散发掉。

第三，缩小雷达有效反射面积。这种措施主要是排除飞机、导弹上那些突出的、反射作用很强的边缘部分，使飞机和导弹的外形尽可能平滑，从而减少飞机、导弹体本身在雷达上所能观察到的横截面。

第四，尽量减少飞机、导弹本身发出的电子辐射和热辐射，使对方的监测雷达和红外检测器捕捉不到电磁波和红外线。比如，在飞机和导弹上采用激光设备代替一部分电子设备，可以减少电磁波的辐射；采用既能高速燃烧，燃烧以后的热量又能急速冷却的新型燃料，这样能减少红外辐射，提高“隐形”效果。

经过一系列的探索试验，美国空军于1975年正式执行“隐形”飞机研制计划。整个“隐形”飞机的设计和制造是高度保密的。据泄露出来的消息，这种飞机的特点是：机身采用聚氨酯、聚苯乙烯和碳纤维等对雷达“透明”或吸收的材料制成，材料表面光洁度比铝高20%，使机身与空气摩擦力较小，发动机功率可以降低，机载燃料也减少，炸弹一类的作战载荷可以增加。机身和很小的机翼融成一体，表面平缓而光滑，外部突出的构件极少，尾翼和机身成一定的倾角，使雷达波经相互反射而改变方向；发动机被嵌入机身，藏在一个深深的沟道末端，既能减少雷达波的反射，又能阻挡发动机产生的红外热辐射。这就是美国于1988年11月向世界公开的造价达数亿美元的B－2隐形战略轰炸机。它的雷达图像只有B－52的1/200，几乎“无形”。

隐形材料技术是一门新兴起的技术，它属于高技术领域。随着这门技术的深入研究和发展，必将给一些军事大国带来更激烈的军事竞争。各种武器发展的历史告诉我们，有矛必有盾。同样可以预料，有隐形技术，也必然会出现反隐形技术。人们将寻找新的对策，建立新的防空体系。

知识点

声　呐

声呐是英文缩写“SONAR”的音译，其中文全称为：声音导航与测距，是一种利用声波在水下的传播特性，通过电声转换和信息处理，完成水下探测和通讯任务的电子设备。它有主动式和被动式两种类型，属于声学定位的范畴。

声呐技术是1906年由英国海军的刘易斯·尼克森所发明。在一战时被应用到战场上，用来侦测潜藏在水底的潜水艇。目前，声呐是各国海军进行水下监视使用的主要技术，用于对水下目标进行探测、分类、定位和跟踪；进行水下通信和导航，保障舰艇、反潜飞机和反潜直升机的战术机动和水中武器的使用。此外，声呐技术还广泛用于鱼雷制导、水雷引信，以及鱼群探测、海洋石油勘探、船舶导航、水下作业、水文测量和海底地质地貌的勘测等。

延伸阅读

反隐形技术

反隐形技术是对付隐形技术的方法和措施，反隐形技术主要用于军事上。由于隐形技术的迅速发展，对战略和战术防御系统提出了严峻挑战，迫使军事科研人研究反隐形技术，用于摧毁隐形兵器。目前，反隐形技术的发展重点是针对雷达的。雷达实现反隐形的技术途径主要有以下3个方面：提高雷达本身的探测能力；利用隐形技术的局限性，削弱隐形兵器的隐身隐形；开发能摧毁隐形兵器的新武器。目前，美、俄、英、法、日等国家都在积极发展反隐形技术，取得了可喜的进展，如研究高灵敏度雷达，扩展雷达的工作波段，将雷达系统安装在空中或空间平台上，提高现有雷达的探测能力等，提高了雷达本身的探测能力。反隐形技术是在隐形技术基础上发展起来的新的军事科学技术。反隐形技术与隐形技术的发展，是相辅相成的，它们相互制约、相互促进的，无论哪一方有新的突破，都将引起另一方的重大变革。反隐形技术的发展是建立在新的反隐形技术理论上，其发展方向是：综合运用，系统综合，开发新的反隐形技术武器系统。

“防弹新秀”凯芙拉

这是一个炮火连天的战场，A 军数辆主战坦克正掩护步兵向 B 军阵地发起冲击；B 军反坦克分队奋起反击，一发发反坦克导弹像长了眼睛似的准确命中目标。然而 A 军坦克好像只被轻“挠”了一下，仍继续前进，B 军反坦克分队再次组织更加猛烈的反击，仍然无效。B 军大乱，A 军一举占领阵地。A 军坦克之所以坚不可摧，复合装甲中的“凯芙拉”材料所起的作用不可低估。

“凯芙拉”防弹背心

“凯芙拉”由多种化学物质融合而成。其特点是密度低、重量轻、强度高、韧性好、耐高温、耐化学腐蚀、绝缘性能和纺织性能好，并且易于机械加工和成型。它于 1972 年投入生产，并开始付诸实用。当时，它的优越性能并没有完全被认识，人们仅把它用于加固径向轮胎铸模和输送带。不久，专家们发现，“凯芙拉”不仅坚韧耐磨，而且刚柔相济，具有刀枪不入的特殊本领。于是，立即受到军界的青睐，在军事上得到应用，并很快赢得了“装甲卫士”、“防弹新秀”等美称。

当前已被广泛应用的“凯芙拉”材

料有两种："凯芙拉－29"（简称K－29）和"凯芙拉－49"（简称K－49）。它们都具有下列优良性能：抗拉性强度达2760牛顿/毫米；密度仅1.44克/厘米^3。其断裂点的拉伸率低达4%（K－29）和2.5%（K－49）；在－196℃～182℃温度之间时，体积尺寸稳定，其性能无重大改变；不燃烧，不熔化，在温度高达500℃时，才开始熔化。"凯芙拉"纤维的密度只有钢的1/5，玻璃纤维的1/2，其强度却是钢的5倍，玻璃纤维的2倍，与高强度玻璃纤维的强度相近，而且经久耐用，不易老化。难怪用"凯芙拉"材料制成的复合装甲有那么好的防弹性能。

对于坦克、装甲车来说，要提高其防护能力，必须加厚装甲，这样势必会增加过多的重量，妨碍坦克的机动性能，同时还会影响发动机、底盘和悬架的设计，因此，重量是设计人员头等关心的大事。由于"凯芙拉"材料的密度是尼龙聚酯和玻璃纤维的一半，在防护力相同的情况下，其重量可减少一半。并且"凯芙拉"层压薄板的韧性是玻璃钢的3倍，能经得起反复的撞击。所以"凯芙拉"层压薄板是钢铝、玻璃钢装甲的理想代用品，它能满足设计人员的要求。近年来，"凯芙拉"材料在装甲保护方面的应用发展很快，在某些方面已完全或部分取代传统的金属材料、非金属材料，正在进入装甲防护。

"凯芙拉"层压薄板与钢装甲相结合有着广泛的用途。例如在军舰上，用"凯芙拉"制造的炮塔，重量减轻，旋转灵活，并消除了共振现象。把它应用在轻型装甲车或重型坦克上可保护发动机并增加乘员的生存机会，美军的"M1Al"主战坦克，就大量采用了"钢—芳纶—钢"的复合装甲，它能防中弹，防破甲厚度约700毫米的反坦克导弹；还能减小因被破甲弹击中而在驾驶舱内形成的瞬时压力效应。如果把"凯芙拉"层压薄板作为机动掩蔽部的装甲衬里，能使它在不失原有机动性能的情况下，大幅度地提高对弹片和爆炸气浪的防护力及其抗高温能力。

"凯芙拉"与陶瓷（如硫化硼）的混合材料又是制造直升机驾驶舱和驾驶座的理想材料。试验证明，它能有效地抵御4.15克和7.62毫米弹片，5.56毫米穿甲弹。重量比玻璃钢或钢装甲轻50%。在都具有抵御5.56毫米穿甲弹的性能情况下，钢装甲的单位面积质量应高达82千克/米^2。"凯芙拉"却只需32千克/米^2。

在制造防弹衣的众多防弹材料中，“凯芙拉”纤维后来居上，一跃成为材料技术领域的佼佼者。用“凯芙拉”可使防弹衣的重量减轻50%。在单位面积内质量相同的情况下，其防护力至少增加一倍，并且具有很好的柔韧性。用这种材料制成的防弹衣仅重2~3千克，而且穿着舒适，行动方便，很快就被世界上许多国家的军队采用。

美国陆军从20世纪70年代就开始研究“凯芙拉”防弹衣。1982年将2.6万件防弹衣发给快速特种部队试穿；1984年又花费2200万美元采购了9.7万件。以色列研制的最新式“凯芙拉”多用途防弹衣，比美军在越南战场上使用的尼龙B标准防弹衣轻50%，防护性能却大有提高。在黎巴嫩战场上，由于以军穿着“凯芙拉”防弹衣，因弹片致伤人数大约减少了25%。原联邦德国对美国现用的防弹衣进行了分析研究，在此基础上制造出一种重3千克，外涂迷彩，内插特种陶瓷防弹板。从两侧开口并装上拉链的新型防弹衣。试验结果表明，陶瓷板能使弹丸偏离或粉碎，加之“凯芙拉”多层结构能吸收弹丸60%的能量，因而它能起到很好的防护作用。

“凯芙拉”纤维重量轻、防护力强，也是制作头盔的好材料。美国在研制“地面部队单兵装甲系统”的钢盔期间，曾试用过包括哈特非钢（含锰11%~14%）、钛以及用尼龙、玻璃纤维或“凯芙拉”加固的层压薄板等大量材料。研究表明，在上述材料中，应用“凯芙拉”作衬垫的热硬树脂合成物比用热硬树脂合成物加固的玻璃纤维性能好，其冲击阻力和平均重复冲击阻力比后者大25%~70%，裂纹扩展阻力和耐震力还要更大些。美国用了6年时间，花费了250万美元，研制出用“凯芙拉”材料制成的钢性头盔，从而结束了作为美国陆军象征的“钢锅”式的钢盔时代。这种头盔仅重1.45千克，其防弹性能比原标准钢盔高出了33%。同时用这种材料制成的头盔更贴近头部，使用者感觉更加舒适。据透露，美军“地面部队单兵装甲系统”的防弹衣和头盔能保护人体60%~75%的关键部位，可使战场伤亡人数减少1/3。

近年来，随着“凯芙拉”纤维生产工艺的不断改进，其性能越来越好，它的应用范围迅速扩展到现代尖端武器装备领域。美国配置在核潜艇上的“三叉戟-I”型导弹的3级发动机壳体全部由“K-49”复合材料制成；瑞典的“比尔”反坦克导弹的发射管和弹体也都采用了“凯芙拉”复

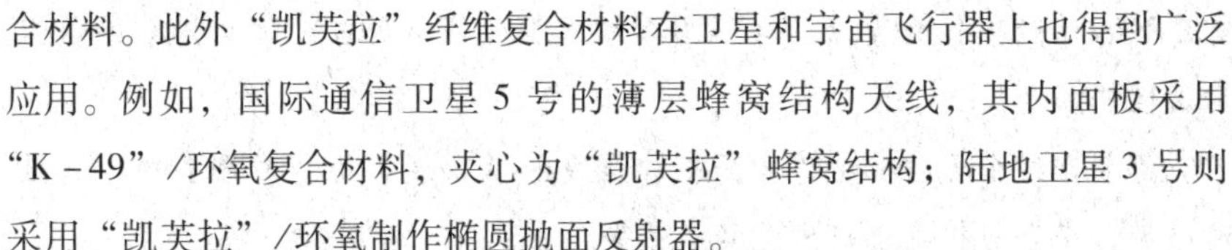

合材料。此外“凯芙拉”纤维复合材料在卫星和宇宙飞行器上也得到广泛应用。例如，国际通信卫星 5 号的薄层蜂窝结构天线，其内面板采用“K－49”/环氧复合材料，夹心为“凯芙拉”蜂窝结构；陆地卫星 3 号则采用“凯芙拉”/环氧制作椭圆抛面反射器。

总之，人们把“凯芙拉”纤维看成初绽在高科技尤其是军事材料园地中的奇葩并不过誉。

知识点

反坦克导弹

反坦克导弹是指用于击毁坦克和其他装甲目标的导弹。是反坦克导弹武器系统的主要组成部分。和反坦克炮相比，重量轻，机动性能好，能从地面、车上、直升飞机上和舰艇上发射，命中精度高、威力大、射程远，是一种有效的反坦克武器。反坦克导弹主要由战斗部、动力装置、弹上制导装置和弹体组成。战斗部通常采用空心装药聚能破甲型。有的采用高能炸药和双锥锻压成形药型罩，以提高金属射流的侵彻效率。还有的采用自锻破片战斗部攻击目标顶装甲。

延伸阅读

世界上最结实的织带

凯芙拉织带是一种新的复合材料，它结合高强度及重量轻的优异特质，在同等重量的条件下，为钢丝的 5 倍强度、E 级玻璃纤维的 2.5 倍强度、铝的 10 倍强度，被认为是世界上最强的功能性织带。

凯芙拉织带亦有优异的耐温性能，不仅能在－196℃到 204℃的温度范围内连续使用而不会有很明显的变化或减损；同时还具有不溶解、防火性（不助燃）、仅会在 427℃开始炭化的特性，即使在－196℃的低温下，也没有变脆和性能损失的现象，及能忍受温度高达538℃短暂时间接触的优异耐温性能。

凯芙拉织带因为有独特的高抗拉强度和低密度特性，产品多用于工业输送带、安全防护带、户外运动产品等。

不会生病的人造器官

医学家们发现，造成人类死亡的病因，往往只是人体中的某一器官或某一部分组织患病，如心脏出了毛病，肺、肝或肾发生病变等，而身体的其他器官是好的，还能继续工作。如果把这些生了病的器官换掉，生命不就可以延续了吗？

事实正是这样。开始，医生是用其他人的器官给病人做移植手术。但随着这方面病人的增多，这种做法已不能满足需要了，人们便很自然地想到用人造的器官来代替人体的器官。现在，人体内的各种器官及骨骼都可实现人工制造了。人工肾是利用渗析原理制成的，它是研究得最早而又最成熟的人造器官。人工肾实际上是一台“透析机”，血液里的排泄物（如尿素、尿酸等小分子、离子）能透过人工肾里的半透膜，而血细胞、蛋白质等半径大的有用物质都不能通过。目前，全世界靠移植人工肾存活的人已达10万以上。要制造高效微型适用的人工肾，关键在于研制出高选择性的半透膜。目前研制的制膜材料有多种多样，它们主要是人工合成高分子化合物，如聚丙烯腈硅橡胶、赛璐珞、聚酰胺、芳香基聚酰胺等。制成的半透膜的形式也有多种多样，有的制成膜，有的制成中空纤维状。这些膜在显微镜下观察，上面布满了微孔，微孔的直径只有2×10^{-7}到3‰毫米。

人工肾的研制成功，挽救了千千万万肾功能衰竭的病人。现在人工肾已进入了第四代。第一代人工肾有近一间房屋大；第二代人工肾缩小到一张写字台大小；第三代人工肾只有一个小手提箱那么大，病人背上它能行走自如；第四代人工肾是可以植入人体的一种小装置，应用起来更加便利。聚丙烯腈硅橡胶是最常用的一种医用高分子化合物。它除了可作人工肾外，由于它有极高的可选择性，还可用它制成人工肝的渗透膜。它能够把血液里的毒物或排泄物，以及血液里过量的氨迅速地渗析出来。过量的氨是肝脏发病时氨基酸转化而成的。这种人工肝可以把肝昏迷病人血液里的毒素迅速排除出去，使病情很快缓解，从而拯救肝脏危重病人的生命。还可以用聚丙烯腈硅橡胶做成空心纤维管，然后用几万根这样的毛细管组织人工肺的“肺泡”，并和心脏相连，人工肺便可以工作了。空心纤维管上的小孔代替肺上的7亿多个肺泡组织，它能够吸进氧气，呼出二氧化碳气，使红细胞、白细胞、蛋白质等有用物质留在体内，完全和肺的功能一样。这种人工肺已用于临床。

在日本利用这种人工肺已使很多丧失肺功能的病人获得了新生。据统计，全世界几乎每10个人中就有一个人患关节炎。这种病不仅中老年人易得，青少年中也有相当多的人患有这种病。目前的各种药物对关节炎还不能根治，最理想的办法就是像调换机器上的零件那样，用人造关节将人体上患病关节换下来。科学家们经过大量的研究和实验，最后采用金属做骨架，再在外面包上一种特殊的“超聚乙烯”，这种医用高分子材料弹性适中，耐磨性好。在摩擦时还有自动润滑效果，不会产生碎屑。它有类似软骨那样的特性，移植到人体的效果非常好。目前在国外，这已经是一个很普通的手术了。

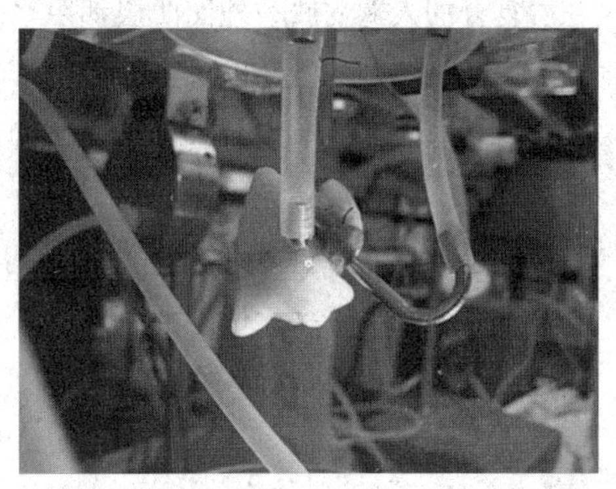

人工肺

人工血管的发展已有几十年的历史了，能成功地用作人工血管的合成纤维主要是聚酯和聚四氟乙烯，此外还有聚乙烯醇、聚偏氯乙烯、聚氯乙烯、聚酰胺、聚丙烯等。对于直径10mm以上的高血流量、没有关节屈曲部位的动脉，进行人工血管的移植有良好的效果。对于直径在6mm以下的动脉和静脉则移植效果较差，例如用聚酯、聚四氟乙烯、聚酰胺等制成的人工血管进行移植，血管闭塞率达50%以上。近来上海胸科医院用不锈钢环的聚酯人造血管进行动脉移植，以代替上腔静脉，既能防止移植血管受压，又可避免纤维本身收缩引起的狭窄，血管通畅率高，能长期满意使用。

各种纤维材料人工血管的制造，原则上可使用中空纤维的纺制方法和工艺。

人工皮肤是在治疗烧伤皮肤中的一种暂时性的创面保护覆盖材料，其主要作用有3个方面：①防止水分与体液从创面蒸发与流失；②防止感染；③使肉芽或上皮逐渐生长，促进治愈。人工皮肤有纤维织物类和膜类等不同类型。纤维织物类人造皮肤的织物层系由聚酰胺、聚酯、聚丙烯等合成纤维材料制成，织物表面呈特殊的丝绒状或毛絮状，目的是使人体组织可以长入其中并固定之。人工皮肤的基层由硅橡胶等材料制成（厚度约0.25mm），将表面层与基层复合后，再经抗生物处理，即可得人工皮肤。三层复合的人造皮肤，外面两层都用聚酰胺制成丝绒状，中间层是用聚氨酯、聚硅氧烷制成的，以防止细菌侵入和水分蒸发。这种结构便于组织长入和防止形成死腔，它与创面结合速度较快，结合强度高，治疗烧伤的效果极好。

发展人工器官是20世纪医学上取得的重大成就，也是当今医学科学的一个重要课题，许多化学上的原理，以及许多高分子材料的研制，正是解决这一课题的重要基础。

赛璐珞

赛璐珞是一种合成树脂，是历史上最古老的热可塑性树脂，以硝化纤维和樟脑等原料合成。是早在1855年由英国人亚历山大·帕克斯（1813－1890）发明。于1870年由美国制造公司的登录商标时被命名为赛璐珞。于1880年代后半起，赛璐珞被用做干板的替代品，当照片、胶卷使用。代表性制品为乒乓球、人偶等。因能够简单成形，它被作为象牙的替代品开发。缺点为其极易燃，有着经过摩擦等容易发火的不耐久性，因此现在已经鲜有使用，但乒乓球仍然使用着此材料。欧盟于2006年10月26日公告，禁用于制造玩具。

理想中的人工鳃

科学家们对鱼类进行了研究，发现鱼之所以能生活在水里，是因为鱼具有鳃这一特殊的生理构造。鳃能将水中所含的氧分离出来供鱼类生存需要，同时将鱼体产生的二氧化碳通过鳃排出，这样来完成鱼的呼吸循环，使鱼类能在水中生存。人类身上没有这样一个了不起的器官，我们能否制造出一个这样的鳃来呢？

科学家在研究生物结构时发现，生物的基本生命单元是细胞。细胞膜能将营养物质析出并让它渗到细胞里去，也能将人体排出的废物通过它赶出来，细胞膜在维持生命的新陈代谢中发挥着重要作用。科学家在研究硅的有机化合物中，发现有的硅有机化合物可以制成很薄的薄膜，这种薄膜具有生理功能：将它做成一个容器状的立体放入水中后，它能从水里分离出氧气，并将氧气吸收到自己的立体空间中来，同时，它还可以从容器内向外分离析出二氧化碳气体。这一重要的发现，促进了科技工作者对这一类材料的研究。但是，从实验到实用的路程是漫长的，只有那些不畏艰险、勇于攀登的人才有希望达到顶峰。

万能的人造血

血液是生命的命脉。它周身循环，把从肺部摄取的氧气和小肠的绒毛壁上得到的营养物不断地输送到身体的各种组织，同时又把各组织产生的废物如二氧化碳、有机酸等通过肺和肾排出体外，保证人体充满活力。据科学家计算，如果一个人活到 70 岁，那么他的心跳就曾抽吸过 1.75 亿万公升血液。如果把这些血液和聚起来，将汇集成一个 700 米长、100 米宽和 2.5 米深的大湖，这是相当惊人的。一个成年人，体内血液约占体重的 1/10。一旦血容量降到 500 毫升以下，血液循环就会终止。如果不立刻输血，很快就会死亡。奥地利的病理学专家兰斯坦纳于1902年证明人有A、B、AB、O四种血型，并发现血液里的红血球遇到异型血清时会发生凝聚，导致死亡。

事实上，在输血之前必须进行验血，验明输血者和被输血者的血型各是什么型的才能进行，否则因血型不一，输血后会造成生命危险。验血需要设备和时间，一些危重病人常常因为没有足够的时间和必需的设备无法输血而死亡。同时，时至今天，世界上所有血库里的血都是从身体健康的人身上取来的，血源极其有限，远远不能满足社会的需要。为了使千百万病人能在危急时刻迅速得到输血，科学家们从20世纪40年代便开始了人造血的研究。最早研究人造血的是美国辛辛那提医院的小儿科教授克拉克。他在做实验时，发现一只老鼠掉进一种白色溶液里，几小时后，老鼠竟然仍在溶液里活蹦乱跳着。他高兴极了，意识到这种溶液很可能被用作人造血。那么，这种白色溶液究竟是什么东西呢？原来它是全氟三丙胺、全氟丁基四氢呋喃、全氟辛烷等。因为在这些化合物的分子中都含有氟原子和碳原子，且占有很大比例，故又名“氟碳人造血”。

全氟三丙胺制造时，首先将全氟三丙胺等经过雾化处理，制成直径只有0.1微米的微球体，以使人造血在体内进行循环时阻力较小；然后再加入少量葡萄糖和钾、钠、钙、镁等电解质，这样就制成白色的人造血了。这种白色的人造血与人血相比，有许多奇妙的功能。首先，它也能够运载氧气和二氧化碳，而且容氧量和容二氧化碳量比人血高2倍，同时从吸氧到放氧之间的速度比人血快6倍，这对病人供氧特别有利；其次，人造血的最大优点是在输血时不需要进行化验，任何血型的病人都可直接输入。而且一旦输入，便能很快缓解病情，使病人安然度过休克期。这对医疗条件较差的地方医院更为适用；再是，

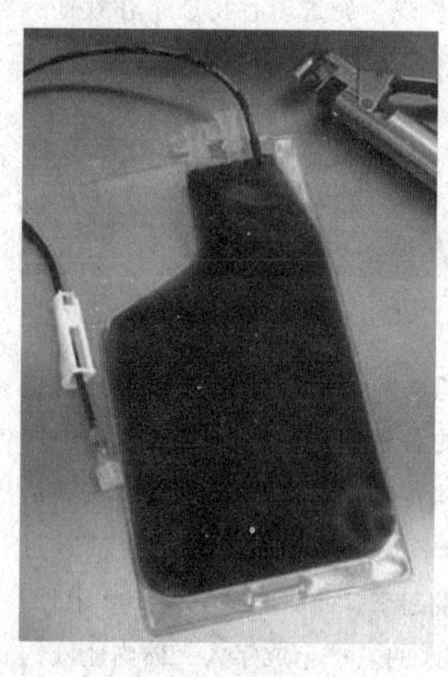
人工血

人造血化学稳定性好，人血一般只能放两三个月，而人造血存放两三年也不变性。更值得人们赞叹的是，人造血对一氧化碳的亲和力比人血大。

当人体煤气中毒后，只要输入人造血，它便可以从人血中把一氧化碳夺过来，使中毒者起死回生。我国对人造血的研究虽然起步较晚，但进展很快。我国化学和医学科学工作者研制的人造血，荣获中国科学院1987年科研成果一等奖，并在老山前线成功地挽救了13位战士的生命。这一成果引起了世界的关注。人造血研制的成功，是千百万失血者的福音，是20世纪医学的奇迹。科学家们预言，人类治病依靠献血的时代可能不需要很长时间即可宣告结束，这是人类科学智慧的又一伟大胜利。

血　型

血型是对血液分类的方法，通常是指红细胞的分型，其依据是红细胞表面是否存在某些可遗传的抗原物质。已经发现并为国际输血协会承认的血型系统有30种，其中最重要的两种为“ABO血型系统”和“Rh血型系统”。血型系统对输血具有重要意义，以不相容的血型输血可能导致溶血反应的发生，造成溶血性贫血、肾衰竭、休克以至死亡。

其中，AB型可以接受任何血型的血液输入，因此被称作万能受血者，O型可以输出给任何血型的人体内，因此被称作万能输血者、异能血者，实际上，不同血型之间的输送，一般只能小量的输送，不能大量。要大量输血的话，最好还是相同血型之间为好。

人疲倦的化学原理

人为什么会疲倦？心理作用是产生疲倦的原因之一。激烈运动以后，情绪松弛下来，疲倦的感觉会立即出现。但是从化学的角度来看，疲倦与碳水化合物的代谢有密切关系。人体里的细胞为了完成肌肉的收缩、神经冲动的传递等任务，需要高能量的化合物，如三磷腺苷（ATP）。这种高能量化合物的水解，是一种大量放热的反应。而在运动时，肌肉纤维收缩，加速细胞里的吸热反应。如果人体肌肉里所储存的ATP很快消耗掉，又来不及补充，人就感到疲倦。再说，在激烈运动时，血液对肌肉所需要的氧气会供应不足，那么，肌肉细胞就必须调动葡萄糖的分解来产生能量。可是，葡萄糖分解的同时会形成乳酸，而乳酸会妨碍肌肉的运动，引起肌肉的疲劳。乳酸的积累会造成轻度的酸中毒，引起恶心、头痛等，增加疲倦的感觉。肝脏对保持体力有重要作用。当人体内葡萄糖分解后，血液中的葡萄糖减少，肝脏里糖原发生分解，释放出葡萄糖，使血液保持一定的含糖量。同时，肝脏里一部分乳酸被氧化，产生二氧化碳排出体外，其余的转化为糖原。所以，在紧张运动后作深呼吸，增加供氧，促使乳酸氧化，可以减少疲倦。

奇迹的缔造者——玻璃

玻璃是生活中常见物品，它外表晶莹光滑，在人们的眼中它也是晶体家族的一员，其实玻璃并非晶体。那玻璃真实身份是什么呢？

玻璃是一种较为透明的固体物质，在熔融时形成连续网络结构，冷却过程中黏度逐渐增大并硬化成不结晶的硅酸盐类非金属材料。普通玻璃化学氧化物的组成（$Na_2O \cdot CaO \cdot 6SiO_2$），主要成分是二氧化硅，广泛应用于建筑物，用来隔风透光。

中国古代亦称琉璃，是一种透明、强度及硬度颇高，不透气的物料。玻璃在日常环境中呈化学惰性，亦不会与生物起作用，故此用途非常广泛。玻璃一般不溶于酸（例外：氢氟酸与玻璃反应生成SiF_4，从而导致玻璃的腐蚀）；但溶于强碱，例如氢氧化铯。在生活中，由于玻璃晶莹、形态规则，在生活中经常被误会为是晶体家庭的成员。玻璃是一种非晶形过冷液体。融解的玻璃迅速冷却，各分子因为没有足够时间形成晶体而形成玻璃。

“玻璃——奇迹的缔造者”。国外有一位学者这样评价道。这种评价是否过分呢？让我们来看一看，玻璃的“发展史”和它在今天的用途吧。

玻璃幕墙

今天世界上的玻璃制品种类繁多，有如繁花异卉，争奇斗艳，从实验室的试管、烧杯、烧瓶，到化工厂的管道、塔柱设备；从体温计、注射器，到X射线管、荧光屏、红外灯、紫外灯；从揭开星空之谜的天文望远镜，到识破微生物行踪的显微镜；从耐热玻璃到防弹、防辐射玻璃；从玻璃纤维到光导纤维。还有许许多多特种玻璃：电光玻璃、声光玻璃、变色玻璃、微孔玻璃等等，可以说，离开了玻璃，现代科学技术的发展是难以设想的。

步入工业化时代，人们十分重视居住地和办公楼的隔音、绝热、避震、耐火及防盗。现代化高楼大厦的正面均安装着巨大的反光玻璃。这种玻璃虽然很薄，但由于材料纯净且具有经过精确计算的内预应力，故能经受住特大风压、厚重积雪及其他外力，其表面上的防风雨涂层则能防止热辐射。多层充气玻璃可降低热传导。如德国制造的一种3层绝缘玻璃，其隔热性能不逊于40多厘米厚的砖墙。多层充气玻璃可将机场噪声降低到偏僻住所夜间的安静程度。由不同厚度层与层之间充以坚硬塑料薄膜的特种玻璃及其他安全玻璃，既经得起重锤猛敲，亦不怕手枪射击。涂有透明软稠物质的3层玻璃具有防火性质：火焰喷在其上，软稠物质便泛起泡沫，使这种玻璃成为不易燃烧的材料，特别适于用来制作炉灶观察窗的玻璃，在-200℃～700℃之间根本不发生变化。

通过实验证明，在硼硅玻璃大容器里发酵葡萄酒远优于使用传统木桶酿制的葡萄酒，因为玻璃容器内发酵后的葡萄酒不再氧化，故味道更为醇香可口。

内科医生通过光导纤维可观察病人胃部。外科大夫则多采用玻璃陶瓷制品取代因事故或疾病而损坏的骨头、关节、牙齿或中耳听骨等。这种材料不但不影响活的人体组织，而且还能与这些组织长在一起。

随着科学技术的发展，各种新型玻璃将不断出现，它将渗透到一切领域中去，帮助我们攻克前进道路上的一个个障碍，攀登科学的峰巅。如果说玻璃是“奇迹的缔造者”，那么，我们人类则是这个“奇迹的缔造者”的缔造者。

玻璃是一种透明的无定形体，质硬但“碰”不得，一碰即碎。不过，玻璃家族是一个庞大的集体，这里就给大家介绍一种与玻璃有着紧密亲缘关系的新材料——玻璃纤维和玻璃钢。

有这样一家纺织厂，它的原料既不是棉花、羊毛，也不是蚕丝与化纤。织出的布，像绸缎一样柔软光亮，不怕虫咬，也不怕酸碱的腐蚀，即使放在火中也烧不起来……它是用什么东西做的？是石头，更确切地说，是石灰石、纯碱与砂子。那些不就是制玻璃的原料吗？是的。这家纺织厂纺出的正是玻璃纤维，织的正是玻璃布。

玻璃纤维和玻璃布是怎样纺织的呢？让我们到这家纺织厂去参观一下。

这家纺织厂的原料场上堆满了石灰石、砂子和纯碱。石灰石的主要成分是碳酸钙。砂子是比较纯的二氧化硅，而纯碱来自化工厂，叫碳酸钠，它在我国西北盐湖中也有出产。

经过精选的原料各自用破碎机碾成细粉。洁白的细粉通过传送带汇集到一起，按一定比例混合后送入一个30多米长的窑。窑的两旁有好几对炉子，向窑中喷出炽热的煤气火舌。

玻璃液是一种组成不固定的硅酸盐的混合物，用式子来表示其成分：$Na_2O \cdot CaO \cdot 6SiO_2$。

玻璃液可以吹制玻璃瓶，拉伸平板玻璃。我们只去看看用玻璃液纺玻璃纤维的车间。

玻璃纤维车间内明亮宁静，没有纺织厂纱锭旋转的喧闹声。车间内并排放着一系列的小巧的白金坩埚，坩埚里放着熔化的玻璃液。在白金坩埚底上有上千个微小的比针眼还小的孔。玻璃液顺着孔流下就变成比蜘蛛丝还要细得多的玻璃丝，并缠绕在一个转鼓上。转鼓在马达的带动下，飞快地旋转。用这样的玻璃丝制成了防火衣。这套衣服还包括帽子、面罩及靴子，好像潜水衣似的。衣服表面喷镀上一层铝，所以银光闪闪。穿上这种

衣服，可以在几百摄氏度的高温下工作，它比石棉衣服更轻巧。由于玻璃布耐热、轻巧，连宇宙航行员的服装也用涂有聚四氟乙烯的玻璃布制成的。

洁白如雪、柔软轻盈的玻璃棉是非常好的隔声、绝热材料。冰箱、冷藏车、锅炉都用得上它，甚至喷气式飞机、宇宙飞船都用它做隔热材料。大家都知道，水泥块耐压，钢材耐拉。用钢材作筋骨，水泥沙石作肌肉，让它们凝成一体，互相取长补短，变得坚强无比，这就是钢筋混凝土。同样，用玻璃纤维作筋骨，用合成树脂（酚醛树脂、环氧树脂及聚酯树脂等）作肌肉，让它们凝成一体，制成的材料，其抗拉强度可与钢材相媲美，因此得名叫玻璃钢。

在一个群山环抱、绿树成荫的山谷里。试验正在进行，远在200米以外掩体后的人们，眼睛都盯着山谷中央放着的一个氧气瓶。压缩机有节奏地转动着，通过合金钢管道向那氧气瓶接连不断地充气。压力表上的指针牵动着每个人的心。读数从10、20、30、40、50渐渐上升，直到70兆帕的时候，只听得一声震天巨响，氧气瓶爆炸了！周围的人们欢呼着跳起来："成功了！"

氧气瓶是一种耐高压的容器。它所承受的工作压力是15兆帕。为了使用安全可靠，制造时要求它能承受3倍的工作压力，即达到45兆帕，不爆裂，才算合格。上面试验的氧气瓶，远远超过了设计要求。这是用什么钢材制成的？它不是钢材，而是玻璃钢制成的。

玻璃是硬而脆的材料，一摔就碎。这玻璃钢制的氧气瓶经得起摔打吗？于是又进行了新的试验。

将另一只玻璃钢氧气瓶充气到15兆帕的工作压力，从山顶推下山谷。它与嶙峋的岩石碰撞着，一直摔到谷底仍然没有爆裂。玻璃钢氧气瓶通过了质量鉴定考试。

玻璃钢是发展迅速的一种复合材料。玻璃纤维产量的70%都是用来制玻璃钢。玻璃钢坚韧，比钢材轻得多。喷气式飞机上用它作油箱和管道，可减轻飞机重量。登上月球的宇航员，他们身上背的微型氧气瓶，也是用玻璃钢制成的。

玻璃钢加工容易，不锈不烂，不需油漆。我国已广泛采用玻璃钢制造各种小型汽艇、救生艇及游艇，节约了不少钢材。化工厂也采用酚醛树脂的玻璃钢代替不锈钢做各种耐腐蚀设备，大大延长了设备寿命。

玻璃钢无磁性，不阻挡电磁波通过。用它来做导弹的雷达罩，就好比给导弹戴上了一副防护眼镜，既不阻挡雷达的“视线”，又起到防护作用。现在，许多导弹和地面雷达站的雷达罩都是用玻璃钢制造的。

玻璃钢

玻璃钢（FRP）亦称作 GRP，即纤维强化塑料，一般指用玻璃纤维增强不饱和聚脂、环氧树脂与酚醛树脂基体。以玻璃纤维或其制品作增强材料的增强塑料，称为为玻璃纤维增强塑料，或称为玻璃钢。由于所使用的树脂品种不同，因此有聚酯玻璃钢、环氧玻璃钢、酚醛玻璃钢之称。质轻而硬，不导电，机械强度高，回收利用少，耐腐蚀。可以代替钢材制造机器零件和汽车、船舶外壳等。喷气式飞机上用它作油箱和管道，可减轻飞机的重量。登上月球的宇航员们，他们身上背着的微型氧气瓶，也是用玻璃钢制成的。

希腊人的魔火

不知是哪位喜欢研究炼金术的希腊建筑师，无意中发现了一种能在水面上着火的燃烧剂。正是这种燃烧剂，把阿拉伯舰队周围的水面变成一片火海，烧得敌人毫无还手之力。

侥幸逃命的阿拉伯的士兵说，希腊人叫“闪电”燃烧了舰船，有说希腊人掌握了“魔火”，连海都着火了。

从这以后，拜占廷的舰队凭借着“魔火”在海上称霸了几个世纪，他们总打胜仗，神气极了，欧洲人把这种燃烧剂叫做“希腊火”。

多少年过去了，这种“希腊火”的秘密才被化学家揭开，原来它不过是有普通的两种物质——石灰和石油组成。君不见建筑工地上能煮熟鸡蛋的石灰池吗？使用这种燃烧剂时，生石灰遇水放出热量，足以将石油蒸气点燃，燃烧剂就在水面上发火延烧开来。

当希腊人利用他们的“魔火”在地中海耀武扬威的时候，我们中国人早以在其100多年前发明了由硝石、硫磺和木炭组成的燃烧剂，利用它来作焰火、黑火药和火箭。

如今，黑火药早已经不用于现代战争上了。可是你是否知道，棉花，它细长柔软的纤维，也蕴藏着一种极其危险的性质，在高三化学实验室里，用浓硝酸和浓硫酸的混合溶液处理棉花后，只要用热玻璃棒一接触，它就会马上一烧而光，鼎鼎大名的无烟火药就是用它制成的。工业上把含氮量高的硝酸纤维叫做火棉，用压紧的火棉填充的炮弹，爆炸时生成的气体体积会增大12 000倍。

几千年的人类文明史，几乎每一页都闪烁着化学的光辉！

不锈的金属

1965年12月，我国考古工作者在湖北江陵一座楚墓中发掘出两把宝剑，这是世界上最古老的青铜宝剑，其中一把上刻有“越王勾践自作用剑”8个字。可见，它们埋在地底下已经2000多年了。可是，宝剑却依然光彩照人，毫无锈蚀之迹。尤其令人注目的是，金黄色剑身上布满漂亮的黑色菱形格子花纹，在剑身与剑把相连的剑格上，一边镶有绿松石，一边镶有蓝色玻璃，铸造得非常精致、美观。剑刃锋利异常，当试验者握剑轻轻一挥，竟把19层叠在一起的白纸斩断，真是锐不可当。这把宝剑在国外展出时，引起了很大的震动。

2000多年前，我国古代的劳动人民就能铸造出如此的宝剑，怎能不叫人惊叹呢！

经过我国冶金、考古工作者应用现代的仪器和分析检验手段，终于弄

剑 锋　　剑身铭文　　全貌

越王勾践剑

清了这些古剑的成分及制作工艺，同时也揭开了古剑不锈之谜。

古剑是由青铜制造的。所用的青铜是由铜和锡为主要元素组成的合金。锡很软，铜的硬度也不算高，但将它们按一定重量比熔炼成合金——青铜，就变得坚硬了。而且加入锡的量越多，青铜的硬度也越高。我国劳动人民在长期青铜冶炼实践中，逐步弄清了合金成分、性能和用途之间的科学关系，并能人为地控制其成分配比。春秋战国时期的《周记·考工记》中有“金之六齐”的详细记载。这里的“金”指铜，“齐”指合金。“六分其金而锡居一，谓之钟鼎之齐。五分其金而锡之一，谓之斧斤之齐。四分其金而锡居一，谓之戈戟之齐。三分其金而锡之一，谓之大刃之齐。五分其金而锡之二，谓之削杀矢之齐。金锡半，谓之鉴燧之齐。”意思是说，含锡量为1/6（16.6%）的青铜，适于制造钟鼎，而含锡量高的青铜，适合用来制造大刀和削、杀、矢一类兵器。实际上，含锡量为17%左右的青铜，为橙黄色，很美观，声音也美，这正是制造钟、鼎之类的理想材料……这是世界上最早的合金配比的经验总结。

经鉴定证明，越王勾践宝剑不是单一的青铜，而是由高锡青铜和低锡铜复合材料制成的，剑背含锡量为10%左右，而刃部含锡量则为20%左右。这样，就使脊部具有足够的韧性。保证在格斗中经得起撞击而不致折断；刃部坚硬、刃口锋利，保证在对刺中无坚不摧。此外，剑的成分还含有少量的镍和硫，以进一步提高此剑的使用性能及耐蚀性。

古剑在熔融浇铸成型后，还要经过研磨使它锋利。越王剑的刃口磨得非常精细，可以与现代精密磨床加工的产品相媲美。剑身的菱形格子花纹与乌黑发亮的剑格，都经过了硫化处理，这种处理就是让硫或硫的化合物与剑的表面发生化学作用形成一层保护层，经这种处理后，宝剑变得既美观，又增强了抗腐蚀的能力。

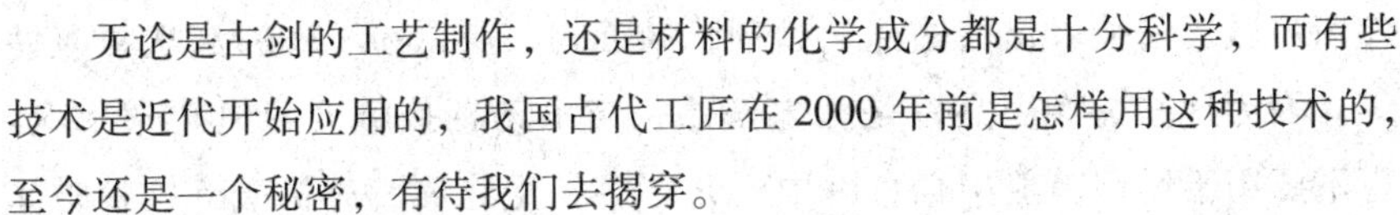

无论是古剑的工艺制作，还是材料的化学成分都是十分科学，而有些技术是近代开始应用的，我国古代工匠在2000年前是怎样用这种技术的，至今还是一个秘密，有待我们去揭穿。

随着科学技术的进步和人民生活水平的提高，在家庭炊具中增添了一名新秀——不锈钢锅。这种锅可谓锅中奇才，与其他材料做成的锅相比，具有美观、耐用、耐热、不生锈等优点，因而愈来愈受到人们的青睐。

说起不锈钢来，还有一段偶然发明史。在第一次世界大战期间，英国军方委托一位科学家研制一种不易生锈的合金，以便用来制造枪管。他进行了多次试验都没有成功。一次，他研制出一种金属铬与钢的合金，经过实验认为仍不符合要求，便把它扔到了烂铁堆中。然而，几个月后，在清理烂铁堆时，奇迹发生了，那块铬钢光亮如新，而其他的铁都长满了锈。从此不锈钢也就应运而生了。

发展到今天，不锈钢已成为一个特殊钢系列。它是以铁和碳为基础的铁碳合金，只是出于耐腐蚀的特殊要求，使它含有更多的合金元素。通常加入的元素有铬、镍、锰、硅、钼、钛、铌、铜、钴等。不锈钢之所以不易生锈，是因为它含有较多的合金元素铬或镍。含铬的不锈钢称为铬不锈钢。铬的加入，能使金属表面生成一层很薄很致密的氧化膜，将金属与外界易发生化学反应产生铁锈的气体介质隔绝。含铬和镍的不锈钢叫铬镍不锈钢，这种钢由于加入了较多的铬镍合金元素，使它能抵御一些非氧化性介质的侵蚀。对于铬不锈钢来说，最低限度的含铬量为11.7%（重量百分比），含铬低于这个数量的钢，一般不能称为不锈钢。不锈钢的耐腐蚀性，一般与含铬量有关，含铬量越高，则耐腐蚀越强。

正因为不锈钢不易锈蚀，所以有着广泛应用，它不仅可以做家庭炊具，而且可以做许多化工设备，如合成氨工厂里便需要20多种具有不同性能的不锈钢。在手表中，不锈钢的重量差不多占60%以上。所谓“全钢手表”就是指它的表壳和后盖全是用不锈钢做的。不锈钢炊具花色品种日益增多，备受众多家庭宠爱。

要用好不锈钢炊具，须注意以下几点：①不锈钢炊具一般都经过工艺抛光，壁较薄。洗刷宜用质地柔软的布料，不可用细沙搓擦。避免同硬物碰撞，也不宜用旺火煎炒，以免食物烧焦。②洗涤不锈钢炊具切勿使用强碱性和强氧化性的化学试剂，如苏打、漂白粉、碱粉和次氯酸钙等。因为这些洗涤用品都是强电解质，与不锈钢接触会起电化学反应。也不要用不锈钢锅煎中药，因中药含有多种生物碱、有机酸等，长时间煮沸，不可避免地与之发生化学反应，降低了药物的效用。③不锈钢锅盆不可久放食盐、酱油、菜汤等，因为这些食物中也含有较多的电解质，时间一长就会像其他金属一样，与这些电解质发生化学反应，炊具被破坏，食物受污染。因此，平时使用不锈钢炊具，用后即要冲洗干净，保持其清洁光亮，延长使用寿命。

今天，我们已无法想象，如果没有不锈钢世界会是怎样一副模样。不锈钢的诞生，是冶金学在20世纪取得的最重要成就之一。在此基础上，迄今已有100多种不同类型的合金投入商业生产。当年，哈里·布雷诺预料到他从事的首创性工作将会满足飞机的燃气轮机的需要。但是他没有想到，到了50年代，冶金技术水平的提高会使人们对黑色冶金学的理解达到他那一代人所无法达到的深度；他也没想到，不锈钢和合金产品会有如此突飞猛进的发展。

越王勾践剑

越王勾践剑通高55.7厘米，宽4.6厘米，柄长8.4厘米，重875克。1965年冬天出土于湖北省荆州市附近的望山楚墓群中，剑上用鸟篆铭文刻了八个字，“越王勾践自作用剑”。越王勾践剑现藏于湖北省博物馆。越王勾践剑的含铜量约为80%～83%、含锡量约为16%～17%，另外还有少量的铅和铁，可能是原料中含的杂质。作为青铜剑的主要成分铜，是一种不活泼的金属，在日常条件下一般不容易发生锈蚀，这是越王勾践剑不锈的原因之一。

金属为何生锈

金属生锈给人类造成巨大损失。就拿钢铁来说，全世界每年因生锈而损耗的钢铁大概占当年产量的1/10。

金属为什么生锈？这首先跟它自身的活动性有关。铁的性质比较活泼，所以铁容易生锈。而金的活动性很差，用金制成的珍品，保存数百年，仍然光彩夺目，熠熠闪光。

金属生锈还跟水蒸气、氧气等外界条件有密切关系。有人做过实验，在绝对无水的空气中，铁放了几年也不会生锈。或者把一块铁放在煮沸过的密闭的蒸馏水中，使铁接触不到氧气和二氧化碳，铁也不会生锈。你可以设计一个小实验，自己去发现铁生锈的奥秘。

人们想出了种种办法跟金属生锈作斗争。最常见的方法是给容易生锈的钢铁穿上“防护盔甲”。你看，大街上跑的小轿车，喷上了亮闪闪的喷漆；自行车的钢圈、车把上镀上了抗蚀性强的铬或镍；金属制品、机器零件出厂前，在表面涂上一层油脂。更彻底的办法是给钢铁服用“免疫药”，即在钢铁中加入适量的铬和镍，制成“不锈钢”，这种钢铁具有抵御水和氧气侵蚀的能力。

记住自己模样的合金

美国的科学家曾将一条没有任何燃料的小轮船放进游泳池。小轮船竟在游泳池内转起圈来。这一现象惊呆了在场的观众。小轮船为什么在无燃料的情况下能够航行呢？原来这是“记忆金属”在作怪。

“记忆金属”，这个名字叫起来好像很古怪，难道金属像高等动物那样会有记忆力吗？它能记忆些什么呢？的确，有一类金属具有“记忆力”，它能够“记忆”自己的形状。自古以来，人们总认为，只有人和某些高级动物才有“记忆”能力，而非生物是不可能具有这种能力的。可是，在20世纪60年代初，美国海军研究所一个研究小组，偶然发现镍钛合金丝竟然也具有一种“形状记忆”的本领。这个研究小组的成员在领到一批乱如麻丝的Ni—Ti合金丝后，花了不少精力将它们弄直，可是当他们将这些金属丝放在近火处时，发现它们又重新变弯了。这个偶然的发现立即引起了人们的高度兴趣。于是在合金大家庭中又找到了像Cu—Al—Ni、Ni—Al、Ni—Co—Si等一类具有记忆形状能力的合金。

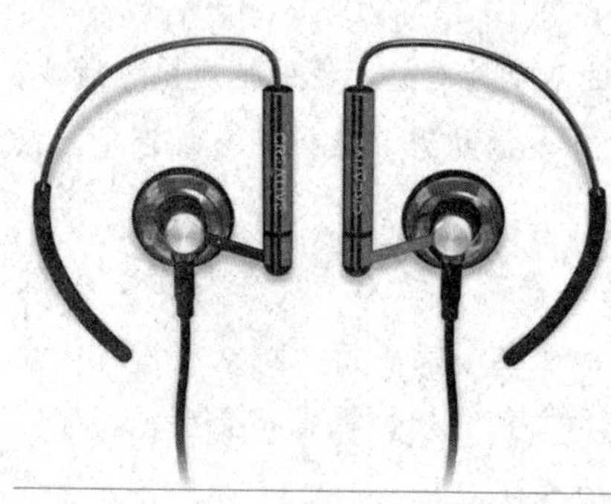

记忆金属耳塞

记忆金属在不同温度下会发生形状的变化。在冷水中，先将一段笔直的Ni—Ti合金丝弄弯，然后将它放在热水中，这时Ni—Ti丝又变直了。这样反复改变合金丝的温度，它的形状也会随之产生反复的变化。

能引起记忆合金形状改变的条件是温度。这是因为这类合金存在着一对可逆转变的晶体结构。如含有Ni和Ti各为50%的记忆合金，有两种晶体结构，一种是菱形的，另一种是立方体的，这两种晶体结构相互转变的温度是一定的。高于这一温度，它会由菱形结构转变为立方体结构；低于这一温度，又由立方体结构转变为菱形结构。晶体结构类型改变了，它的形状也就随之改变。前面在游泳池内航行的小轮船，就是用这种“记忆合金”做了发条。在较低的温度下，将船上的发条盘紧，不需要任何齿轮等装置，只要将小轮船放到较高温度的游泳池内，船上的发条就会自动慢慢放开，带动螺旋桨，小轮船便自由自在地航行起来。

在冷水中让记忆合金弯曲时所消耗的能量远远小于它在热水中恢复原形时所释放出的能量。所以，它在能量转化过程中似乎是“不守恒”的，竟出现了能量的“净增加”。这一现象，曾引起科学界的混乱。有些人甚至声称能量转化和守恒定律不成立了，物理学等自然科学就需要重新改写。客观世界本身就是多层次的，每个层次上都有它自身的规律，各层次的规律又各不相同。人们在无法解释记忆合金能量的“净增加”现象时，只能说明人们对这一新发现还不认识。后来，这一能量“净增加”的现象，终于被1977年诺贝尔化学奖获得者比利时科学家普利高津用“耗散结构理论”所解释。

原来，这些合金都有一个特殊转变温度，在转变温度以下，金属晶体结构处于一种不稳定结构状态，在转变温度以上，金属结构是一种稳定结构状态，一旦把材料加热到转变温度以上，不稳定的晶体结构就转变成稳定结构，材料也就恢复了原来的形状。记忆合金由于有着奇妙的作用，因此在很多重要地方显示了它们非凡的本领，向人类表明了它们具有很大的发展前途。记忆合金对自己形状的这种记忆性能也给人类立下了汗马功劳。

在城市的街道上，从早到晚都是车水马龙。公共汽车繁忙地运送乘客；货车满载工农业产品及原材料飞驰；救护车不断地来往于各大医院；消防车奔忙于火灾现场周围……这些汽车的车身大都是用金属材料制成的，一旦发生碰撞，车身凹下，就只能送到修理厂由工人师傅手工敲平复原。如果汽车车身用形状记忆合金制造，那么修理工作就变得简单多了。撞瘪的汽车不必送修理厂，只要往撞瘪的车体上浇几桶热水，就能自动地恢复原状。用来制造这种汽车车体的记忆合金具有单向记忆功能，它能记住自己在较高温度状态下被制成的车体形状。不管平时把它变成什么样的形状，只要加热到它的转变温度，就会立即恢复到原来的形状。

用记忆合金还可以制成各种管接头。制造时其内径要比它所连接的管子的外径约小0.04毫米。在室温下，这种记忆合金非常软，所以接头内径容易扩大。在这种状态下，把要接的管子插入接头内。加热后，接头的内径就恢复到原来的尺寸，完成管子的连接过程，而且温度降到室温也不再改变。因为这种形状恢复力很大，所以连接很严密，无漏油危险。美国已在海军F-14型战斗机的油压系统中使用了10万个这样的接头，使用多年从未发生漏油或者破损。

用单向形状记忆合金制成的眼镜框，镜片固定丝在装入凹槽里时并不太紧，轻微受热时，利用其超弹性逐渐绷紧。这种镜框不会出现普通塑料或金属镜框与镜片不协调的现象。例如，不管如何用劲擦拭或气温降低，镜片决不会滑脱。在拥挤的汽车上一旦眼镜掉在地上被人踩瘪，这种镜框也不会报废，只要经热风一吹或在酒精灯上略加烘烤，就可以完全复原。

记忆合金用于人体矫形外科效果良好。例如接骨用的骨板，用记忆合金将骨折部位固定，然后加热，合金板便收缩，不但能将两断骨固定住，而且在收缩过程中产生压缩力，迫使断骨接合在一起。又如用记忆合金制作治疗脊椎侧弯症的矫正棒，与以往用不锈钢矫正棒相比，不但提高了矫正率，而且发生骨折和神经麻痹的危险性也大大减小。此外，牙科用的矫形齿丝，外科用的人造关节、骨髓内钉等器件，也都是靠体温的作用启动的。

美国曾利用记忆合金的特性，将由 Ti—Ni 合金做成的发射和接受天线通过宇宙飞船带到月球上。这种直径为 254 毫米的半球形天线被折叠成 50 毫米大小的一团后，放在宇宙飞船内（缩小体积时节省飞船的建造费用是十分重要的）传送到月球上后，吸收太阳光的热量后又自动恢复为原来的半球面形。

国外服装厂用记忆合金代替胸罩内的钢丝，衬托乳房，使胸部线条更加优美。在 25℃以下时，它可以任意搓洗、折叠；而穿到身上，温度达到 32℃以上时，它就像钢丝一样自然恢复到原定形状，将乳房托起。这一应用颇受世界妇女的普遍赞赏。人们还利用这种合金的记忆能力，制出了自控装置。例如，温室中的窗臂，在太阳下山时，温度较低，它便自动将窗户关闭；而当太阳升起时，温度较高，它又会自动将窗户打开，恪守职责，从不失误。人们可用记忆合金制成元件，安装在工厂、仓库、宾馆等建筑的电路中，并选择记忆合金的转变温度和环境的安全温度相近，当环境的温度高于“安全温度”时，也就是说即将发生火灾，此时，记忆合金元件发生形状变化，接通电路，从而发出报警信号，人们会迅速将火灾消灭在发生之前。如果将记忆合金元件直接与自动灭火装置相连，即是火灾发生了，自动灭火装置会迅速启动，自动灭火。用记忆合金还可制造新的刹车系统，以减少汽车事故的发生。

一般汽车急刹车时是由汽车的“制动片”去卡车轮的转轴，由于制动片是由一般金属做的，总不能使汽车立即刹车，事故也往往发生在这一瞬间。如果在汽车的轮胎中镶嵌几圈记忆合金，当遇到情况紧急刹车时，由于轮胎与地面摩擦产生热量，记忆合金会迅速恢复原来形状，纷纷向外凸出牢牢卡住汽车轮转轴，使高速行驶的汽车迅速停住，避免车祸的发生。

其实，金属的记忆早就被发现：把一根直铁丝弯成直角（90°），一松开，它就要恢复一点，形成大于90°的角度。把一根弯铁丝调直，必须把它折到超过180°后再松开，这样它就能正好恢复到直线状态，这就是中国成语中所讲的矫枉过正。还有记忆力更好的合金就是弹簧（这里所说的是钢制弹簧，钢是铁碳合金），弹簧牢牢地记住了自己的形状，外力一撤除，马上恢复到自己的原来的样子，只是弹簧的记忆温度很宽，不像记忆合金这样有一个特定的转变温度，从而有了一些特别的功用。

记忆合金目前已发展到几十种，在航空、军事、工业、农业、医疗等领域有着广泛的用途，而且发展趋势十分可观，它将大展宏图、造福于人类。

普利高津

普利高津1917年生于莫斯科，1945年在比利时布鲁塞尔自由大学获得博士学位后留校工作，两年后被聘为教授。他主要研究非平衡态的不可逆过程热力学，提出了“耗散结构”理论，并因此于1977年获得诺贝尔化学奖。

普利高津认为，只有在非平衡系统中，在与外界有着物质与能量的交换的情况下，系统内各要素存在复杂的非线性相干效应时才可能产生自组织现象，并且把这种条件下生成的自组织有序态称之为耗散结构。从热力学的观点看，耗散结构是指在远离平衡态的非平衡态下，热力学系统可能出现的一种稳定化的有序结构。所谓耗散，指系统与外界有能量的交换；而结构则说明并非混沌一片，而是在时间与空间上相对有序。事实上，耗散结构理论就是研究系统怎样从混沌无序的初始状态向稳定有序的组织结构进行演化的过程和规律，并且试图描述系统在变化的临界点附近的相变条件和行为。

五彩缤纷的焰火

你知道五彩缤纷的焰火是怎么产生的吗？这要从“本生灯”的焰色试验说起。某些金属盐具有独特的火焰，这是19世纪德国著名化学家本生首先发现的。他在1845年制造了一盏煤气灯，后来被人们称作“本生灯”。有一次，他偶然把食盐撒在煤气灯的火焰上，突然，爆出亮黄色火焰。这种奇特现象，使他想到：是不是每种物质都有固定的焰色呢？于是，他做了一系列焰色试验。用白金丝沾上各种金属盐，分别在本生灯上灼烧，他发现钾盐是淡紫色的，钠盐是橘黄色的，钙盐是砖红色的，锶盐是洋红色的，钡盐是黄绿色的……正是这些金属盐在燃烧时发出不同颜色的光芒，才使“金光闪闪”、“空中乐”等等名目繁多的烟火，呈现出五光十色的绚丽景象，为节日增添欢乐。当你看到焰火呈现红光时，就会想到这是碳酸锶或者硝酸锶的功劳；黄光是硝酸钠的缘故；绿光是氯化钡的作用；蓝光是某些铜的化合物在燃烧。五彩缤纷的焰火，就是用各种金属盐配制成的。

“永不凋谢的材料之花”陶瓷

陶瓷是最古老的硅酸盐材料。精致的中国陶瓷制品，至今仍然吸引着世界各地的客商。随着科学技术的发展，具有特殊优异性能的现代陶瓷材料也飞速地发展起来，并且具有非常广泛的应用，被人们誉为“永不凋谢的材料之花”。

一天，美国新材料研究中心来了一位神秘的客人，他是美国核试验基地的空军驾驶员。他带来了新的研究课题。原来，在核战争或核试验中，一颗爆炸能力跟两万吨炸药相当的原子弹，爆炸时所产生 70 亿千卡的辐射光能要在 3 秒钟里全部释放出来，即使离爆炸中心比较远的人，眼睛也会被核闪光灼烧。空军驾驶员等到发现核闪光再戴防护眼镜就来不及了。如何解决这个问题呢？以前科研人员为他们设计了一种防核护目头盔，但控制护目镜的是一台高压电源，飞行员得背上几十千克重的用硅钢片做成的变压器，既笨重又麻烦。因此，他们向新材料研究中心提出了研究新的护目镜材料的要求。研究中心接到这一课题后，立即组织力量进行攻关。他们选择了许多材料进行实验，最终选择到的理想材料是陶瓷。不过它不是普通的日用陶瓷，它是一种经过特殊的“极化”处理的陶瓷，它在机械力、光能的作用下，能把它们转变成电能，在电场作用下，又能把电能转变为机械能。这种特殊的功能叫做“压电效应”，具有这种压电效应的陶瓷叫压电陶瓷。

核试验员戴上用透明压电陶瓷做成的特殊护目镜，带来了很大的方便。原子弹爆炸，当核闪光强度达到危险程度时，由于光的作用护目镜的控制装置马上就把它转变成瞬时高电压，防护镜自动地迅速变暗，在 1/1000 秒钟里，能把光强度减弱到只有 1/10 000，险情过后，它还能自动复原，不影响驾驶员的视力。这种压电陶瓷护目镜结构简单，重不过几十克，只有火柴盒那么大，安装在防核护目头盔上携带十分方便。

压电陶瓷在军事上的应用十分广泛。第一次世界大战中，英军发明了一种新的战争武器全部是铁装甲的战车——坦克，它首先在法国索姆河的战争中使用，重创了德军。坦克曾经在多次战争中大显身手。然而，到了 20 世纪六七十年代，由于反坦克武器的发明，坦克失去了昔日的辉煌。反坦克炮发射出的炮弹一接触坦克，就会马上爆炸。这是因为炮弹头上装有一种引爆装置，它就是用压电陶瓷制成的。当引爆装置跟坦克相碰时，引爆装置马上把因此产生强大的机械力转变成瞬间高电压，爆发火花，引爆雷管而使炮弹发生爆炸。

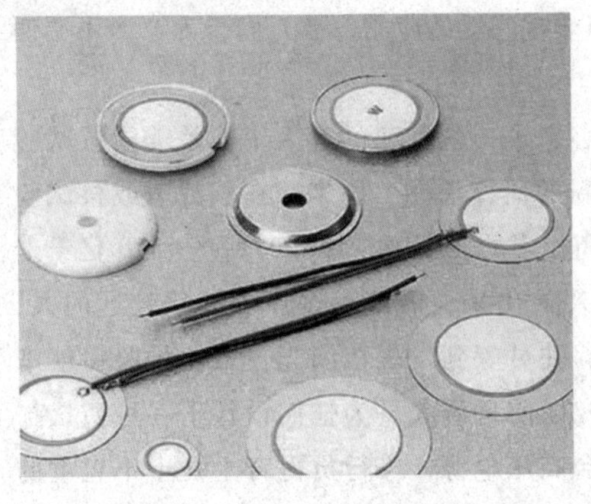
压电陶瓷

当我们留心时会发现很多领域利用了有关压电陶瓷的这种优良性质。

在儿童玩具展览会的一个展台旁，只听得一只小黄狗在汪汪叫，而在旁的一只小花猫却发出“喵喵”之声，孩子们被这些能发声的电子玩具吸引住了，他们在思索，为什么这些玩具能发出和真的动物一模一样的叫声。这时讲解员叔叔开了腔，他说这是因为玩具设计师在这些小动物的肚子里装上了一只用压电陶瓷做成的特殊元件——蜂鸣器，因为它能发出像蜜蜂那样的嗡嗡的声音。当然后来经过设计师的努力，使这种陶瓷元件还能发出其他各种各样的声音。

蜂鸣器的制造十分简单，先把陶瓷素坯轧成像纸一样的薄片，烧成后在它的两面做上电极，然后极化，这时陶瓷就具有压电性了。然后再把它与金属片黏合在一起，就做成了一个蜂鸣器。当它的电极通电时，由于压电陶瓷的压电效应就产生振动而发出人耳可以听得到的声音。只要通过电子线路的控制，就可产生不同频率的振动，而发出各种不同的声音，甚至还能发出滑变的声音。

正是由于它的发声本领变化多端，再加上它与通常的音响器相比，还具有不少优点，所以它的应用是十分广泛的。除了上面提到的电子动物，在日常生活中人们也离不开它。例如电子手表里装上一片薄薄的蜂鸣器，它就能发出嘟嘟的声音给你报时；电子计算器里装上了它，它就能按照预定的要求，发出嗡嗡之音提醒你。另外，它也能发出很响的警报声，因此可以装在消防车、救护车或其他仪器设备上，或装在金库、机要保密室里作为防盗报警器用。由于它体积很小，还可以与电子鼻组合起来做成瓦斯报警器，放在煤矿工人的口袋里，当矿井里瓦斯过量时，灵敏的电子鼻首先觉察，马上传递出一个信号，它便立刻“大喊大叫”起来。

新型陶瓷的种类有很多，如具有气敏、热、电、磁、声、光等功能互

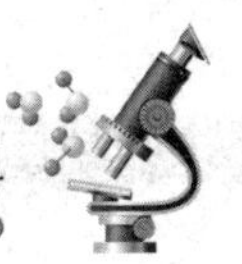

相转换特性的各种“功能陶瓷”；用于人或动物肌体，具有特殊生理功能的“生物陶瓷”等。下面再介绍一种十分有趣的陶瓷——“啤酒陶瓷”。

说起“啤酒陶瓷”的出世，还有一个非常有趣的故事呢。

美国的化学家哈纳·克劳斯在研究一种用于宇航容器的材料配方时，无意中错把身旁的一杯啤酒当做蒸馏水倒入一个盛有石膏粉、黏土以及几种其他化学药品的烧杯中。然而，正是由于这个“无意之中”的举动导致了啤酒陶瓷的问世。这一杯啤酒一倒入烧杯中，就出现了意想不到的奇特现象，烧杯中的那些混合物立即产生了很多泡沫，体积突然膨胀了约 2 倍，不到 30 秒就变成了硬块。这使克劳斯大吃一惊，他在回忆当时的情况时说：“这一过程如此之快，以至我都想不起来我到底做了些什么。”这次偶然制成的啤酒陶瓷居然是一种具有很多优良特性的泡沫陶瓷，这是谁也没有料到的。这种后来被人称作“啤酒石”的陶瓷具有釉光、重量轻、无毒、防火性能好等特点。由于啤酒石形成时固化速度快，并有那么多优良特性，它将在增强运载工具的绝热性能、安全储存核废物、包装业、汽车制造业、农业等方面具有很高的应用价值和商业价值。

为使啤酒石的特性及应用得到充分发挥，克劳斯还采用石膏、石灰珠层岩、硫酸盐等与啤酒进行了一系列实验。实验中发现改变原料的配比，制出的啤酒石有不同的特性。另一种配比制成的啤酒石，在同样体积下，重量只有水泥的 1/5。还有一种配比的啤酒石能承受激光产生的 2316℃高温达 1 个小时之久。还有一种啤酒石，不必进行又费钱、费事的上釉及烧釉工序，只需用喷灯处理 20 分钟，容器的表面便釉光锃亮了。

一些专家认为，啤酒石最重要的用途之一是储存核废料。大家知道，核废物如储存不当，会对环境造成非常有害的核污染。当前处理核废物较大的问题是容器，传统的方法是用防锈、不漏气的钢鼓储存，容器的内壁常用一种塑料作为防护套。但是，一旦黏结剂失效，就会发生泄漏。可想而知，这种方法和使用的材料都是不可靠的。由于啤酒陶瓷具有自行上釉的特性，所以可将其喷在新钢鼓的内表面，或旧钢鼓的外表面，形成啤酒陶瓷釉，成为一个不破裂、不泄漏的防护套，这样就可安全地储存核废料了。

当然，啤酒陶瓷目前还处于研究和开发阶段。克劳斯预见到从防火房到发动机中的某些金属部件，都将出现啤酒陶瓷的身影。如果找找它的缺点，克劳斯仅想出一条，他幽默地说："在它生产出来的头3个星期里，闻起来有点啤酒味。"

硅酸盐

硅酸盐指的是硅、氧与其他化学元素（主要是铝、铁、钙、镁、钾、钠等）结合而成的化合物的总称。它在地壳中分布极广，是构成多数岩石（如花岗岩）和土壤的主要成分。

由于其结构上的特点，种类繁多。它们大多数熔点高，化学性质稳定，是硅酸盐工业的主要原料。硅酸盐制品和材料广泛应用于各种工业、科学研究及日常生活中。

宋代名窑

宋代闻名中外的名窑很多，耀州窑、磁州窑、景德镇窑、龙泉窑、越窑、建窑以及被称为宋代五大名窑的汝、官、哥、钧、定等产品都有它们自己独特的风格。耀州窑（陕西铜川）产品精美，胎骨很薄，釉层匀净；磁州窑（河北彭城）以磁石泥为坯，所以瓷器又称为磁器。磁州窑多生产白瓷黑花的瓷器；景德镇窑的产品质薄色润，光致精美，白度和透光度之高被推为宋瓷的代表作品之一；龙泉窑的产品多为粉青或翠青，釉色美丽光亮；越窑烧制的瓷器胎薄，精巧细致，光泽美观；建窑所生产的黑瓷是宋代名瓷之一，黑釉光亮如漆；汝窑为宋代五大名窑之冠，瓷器釉色以淡青为主色，色清润；官窑是否存在一直是人们争议的问题，一般学者认为，官窑就是汴京官窑，窑设于汴京，为官廷烧制瓷器；哥窑在何处烧造也一直是人们争议的问题。根据各方面资料的分析，哥窑烧造地点最大的可能是与北宋官窑一起生产；钧窑烧造的彩色瓷器较多，以胭脂红最好，葱绿及墨色的瓷器也不错；定窑生产的瓷器胎细，质薄而有光，瓷色滋润，白釉似粉，称粉定或白定。

生产生活中的化学

化学作为基础的自然科学之一，在人类的生产和生活中，具有普遍而巨大的应用价值。它保证人类的生存并不断提高人类的生活质量。利用化学能生产化肥和农药，可以增加粮食产量；利用化学合成药物，可以抑制细菌和病毒，保障人体健康；利用化学综合应用自然资源和保护环境，可以使人类生活得更加美好。

当今，化学日益渗透到生产生活的各个方面，特别是与人类社会发展密切相关的重大问题。总之，化学与人类的衣、食、住、行以及能源、信息、材料、国防、环境保护、医药卫生、资源利用等方面都有密切的联系，它是一门社会迫切需要的实用学科。

化学元素与生命

人体是由许多化学元素组成：蛋白质主要由碳、氢、氧、氮、磷组成，氨基酸主要由碳、氢、氧、氮、硫组成。

人体所需微量元素为：铁、锌、硒、碘、铜、锰、铬、氟、钼、钴、镍、锡、硅、钒，此外，亦有资料认为锶、砷、硼为人或动物所必需。

①人体必需微量元素，共8种，包括碘、锌、硒、铜、钼、铬、钴及铁。②人体可能必需的元素，共5种，包括锰、硅、硼、钒及镍。③具有潜在的毒性，但在低剂量时，可能具有人体必需功能的元素，包括氟、铅、镉、汞、砷、铝及锡，共7种。

人体中的微量元素溶解在人体的血液里。如果缺少了这样那样的微量元素，人就会得病，甚至导致死亡。正常人每天都要摄取各种有益于身体的微量元素，即：铁、锌、铜、锰、碘、钴、锶、铬、硒等微量元素。

微量元素虽然在人体中需求量很低，但其作用却非常大。如："锰"能刺激免疫器官的细胞增殖，大大提高具有吞噬、杀菌、抑癌、溶瘤作用的巨噬细胞的生存率。"锌"是直接参与免疫功能的重要生命相关元素，因为锌有免疫功能，故白细胞中的锌含量比红细胞高25倍。"锶、铬"可预防高血压，防治糖尿病、高血脂。"碘"能治甲状腺肿、动脉硬化，提高智力和性功能。"硒"是免疫系统里抗癌的主要元素，可以直接杀伤肿瘤细胞。

1. 生物功能

组成生物体内的蛋白质、脂肪、碳水化合物和核糖核酸提供基础的结构单元，也是组成地球上生命的基础。这些元素包括碳、氢、氧、氮、硫、磷。

生命的基本单元氨基酸、核苷酸是以碳元素做骨架变化而来的。先是一节碳链一节碳链地接长，演变成为蛋白质和核酸；然后演化出原始的单细胞，又演化出虫、鱼、鸟、兽、猴子、猩猩，直至人类。这三四十亿年的生命交响乐，它的主旋律是碳的化学演变。可以说，没有碳，就没有生命。碳，是生命世界的栋梁之材。

氮是构成蛋白质的重要元素，占蛋白质分子重量的16%～18%。蛋白质是构成细胞膜、细胞核、各种细胞器的主要成分。动植物体内的酶也是由蛋白质组成的。此外，氮也是构成核酸、脑磷脂、卵磷脂、叶绿素、植物激素、维生素的重要成分。由于氮在植物生命活动中占有极重要的地位，因此人们将氮称之为生命元素。

氨基酸和一些常见的酶含硫，因此硫是所有细胞中必不可少的一种元素。

磷素是构成各种生命物质所必需的成分。人体内矿物质的20%是磷，它是体内含量第二。人体内有丰富的矿质营养元素，而磷含量中的80%存在于骨骼和牙齿中，其余的磷广泛分布于体内各细胞的脂肪、蛋白质、糖类、酶和盐类中。在细胞中，磷是基因结构的基础（DNA、RNA、基因、染色体）并且在自然界的生命活动中以ATP和ADP的形式对生物能量的产生、转换和储藏起关键作用。在植物体内，磷是光合作用、呼吸作用、细胞功能、基因转移和繁殖过程所必需的。

钠、钾和氯离子的主要功能是调节体液的渗透压，电解质的平衡和酸碱平衡，通过钠—钾泵，将钾离子、葡萄糖和氨基酸输入细胞内部，维持核糖体的最大活性，以便有效地合成蛋白质。钾离子也是稳定细胞内酶结构的重要辅助因子。同时，钠离子、钾离子还参与神经信息的传递。

钙和氟是骨骼、牙齿和细胞壁形成时的必要结构成分（如磷灰石、碳酸钙等），钙离子还在传送激素影响、触发肌肉收缩和神经信号、诱发血液凝结和稳定蛋白质结构中起着重要的作用。

镁离子参与体内糖代谢及呼吸酶的活性，是糖代谢和呼吸不可缺少的辅因子，与乙酰辅酶A的形成有关，还与脂肪酸的代谢有关。参与蛋白质合成时起催化作用。与钾离子、钙离子、钠离子协同作用共同维持肌肉神经系统的兴奋性，维持心肌的正常结构和功能。另一个有镁参与的重要生物过程是光合作用，在此过程中含镁的叶绿素捕获光子，并利用此能量固定二氧化碳而放出氧。

铁（Ⅱ、Ⅲ）的主要功能是作为机体内运载氧分子的呼吸色素。例如，哺乳动物血液中的血红蛋白和肌肉组织中的肌红蛋白的活性部位都由铁（Ⅱ）和卟啉组成。其次，含铁蛋白（如细胞色素、铁硫蛋白）是生物氧化还原反应中的主要电子载体，它是所有生物体内能量转换反应中不可缺少的物质。

铜（Ⅰ、Ⅱ）的主要功能与铁相似，起着载氧色素（如血蓝蛋白）和电子载体（如铜蓝蛋白）的作用。另外，铜对调节体内铁的吸收、血红蛋白的合成以及形成皮肤黑色素、影响结缔组织、弹性组织的结构和解毒作用都有关系。

锌离子是许多酶的辅基或酶的激活剂。维持维生素A的正常代谢功能

及对黑暗环境的适应能力，维持正常的味觉功能和食欲，维持机体的生长发育特别是对促进儿童的生长和智力发育具有重要的作用。

锰（Ⅱ、Ⅲ）是水解酶和呼吸酶的辅因子。没有含锰酶就不可能进行专一的代谢过程，如尿的形成。锰也是植物光合作用过程中光解水的反应中心。此外，锰还与骨骼的形成和维生素C的合成有关。

钼是固氮酶和某些氧化还原酶的活性组分，参与氮分子的活化和黄嘌呤、硝酸盐以及亚硫酸盐的代谢，阻止致癌物亚硝胺的形成，抑制食管和肾对亚硝胺的吸收，从而防止食管癌和胃癌的发生。

钴是体内重要维生素 B_{12} 的组分。维生素 B_{12} 参与体内很多重要的生化反应，主要包括脱氧核糖核酸（DNA）和血红蛋白的合成，氨基酸的代谢和甲基的转移反应等。

铬（Ⅲ）是胰岛激素的辅因子，也是胃蛋白酶的重要组分，还经常与核糖核酸（RNA）共存。它的主要功能是调节血糖代谢，帮助维持体内所允许的正常葡萄糖含量，并和核酸脂类、胆固醇的合成以及氨基酸的利用有关。

钒、锡、镍是人体有益元素，钒能降低血液中胆固醇的含量。锡可能与蛋白质的生物合成有关。镍能促进体内铁的吸收、红细胞的增长和氨基酸的合成等。

硅是骨骼、软骨形成的初期阶段所必需的组分。同时，能使上皮组织和结缔组织保持必需的强度和弹性，保持皮肤的良好的化学和机械稳定性以及血管壁的通透性，还能排除机体内铝的毒害作用。

硒是谷胱甘肽过氧化物酶的必要构成部分，具有保护血红蛋白免受过氧化氢和过氧化物损害的功能，同时具有抗衰老和抗癌的生理作用。

碘参与甲状腺素的构成。溴以有机溴化物的形式存在于人和高等动物的组织和血液中。生物功能有待进一步确证。

砷是合成血红蛋白的必需成分。

硼对植物生长是必需的，尚未确证为人体必需的营养成分。

2. 摄取方式

人体必需微量元素共8种，包括碘、锌、硒、铜、钼、铬、钴、铁。

含碘丰富的食物有食盐、海带、紫菜、鱼虾、海参等。野山菌中的铁、锌、铜、硒、铬含量较多，经常食用野山菌补充微量元素的不足。

补铁：各种动物肝脏、牛肉、鳝鱼、猪血。

补锌：牡蛎、鲱鱼、瘦肉、鱼类等。

补铜：动物肝脏、硬壳果、豆类、牡蛎。

补锰：坚果、谷物、咖啡、茶叶等。

补铬：牛肉、动物肝、粗粮、黑胡椒等。

补硒：鸡蛋、动物内脏、鱼类等。

补钴：各种海味、蜂蜜、肉类等。

注意：保健品、药品并非补充微量元素的首选。由于各种食物中所含的微量元素种类和数量不完全相同，只要平时的膳食结构做到粗、细粮结合，荤素搭配，不偏食不挑食，就能基本满足人体对各种元素的需要。人如果表现出缺乏某种微量元素的症状，其实缺的通常并不止是一种微量元素，而是多种。但如通过保健品补充，往往只能缺什么补什么。如果通过均衡饮食，则可以吸收食物中的多种微量元素。

氨基酸

氨基酸，广义上是指既含有一个碱性氨基又含有一个酸性羧基的有机化合物，正如它的名字所说的那样。但一般的氨基酸，则是指构成蛋白质的结构单位。在生物界中，构成天然蛋白质的氨基酸具有其特定的结构特点，即其氨基直接连接在α－碳原子上，这种氨基酸被称为α－氨基酸。在自然界中共有300多种氨基酸，其中α－氨基酸21种。α－氨基酸是肽和蛋白质的构件分子，也是构成生命大厦的基本砖石之一。

延伸阅读

化学元素之最

最理想的气体燃料是氢。最不活泼的非金属是氦。最活泼的非金属元素是氟，常温下几乎能与所有的元素直接化合。熔点最低的单质是氦，为-272℃。熔点最高的单质是石墨，为3652℃。植物生长需要最多的元素是氮。地壳中含量最多的元素是氧，含量约为48.6%，几乎占地壳质量的一半。生物细胞里含量最多的元素是氧。海洋里含量最多的元素是氧。地壳里含量最多的金属元素是铝，含量约为地壳质量的7.73%。最活泼的金属元素是钫。着火点最低的非金属元素是白磷，为40℃。熔点最低的金属元素是汞，为零下38.9℃，熔点最高的金属为钨，是3410℃。最不活泼的金属是金。导电性能最好的金属是银。最富延展性的金属是金，1克金能拉成长达3000米的金丝，能压成厚约为0.0001毫米的金箔，其次是银。目前提得最纯的物质是半导体材料高纯硅，其纯度达99.999999999%。在地球上存量最少的元素：砹（At），1940年为美国人所发现，估计全球存量为0.28克。最重的元素是锇（Os），密度22.584克/厘米^3，1804年为英国人所发现。由最多同位素构成的元素：氙（Xe），共有30种同位素，1898年为英国人所发现。由最少同位素构成的元素是氢，只有3种。最昂贵的元素是锎（Cf），1968年时1微克（10^{-6}克）的售价为1000美元。

人工降雨

俗话说：“天有不测风云”。然而，随着科学技术的不断发展，这种观点已成为过去。几千年来人类“布云行雨”的愿望，如今已成为现实。而首次实现人工降雨的科学家，就是杰出的美国物理化学家欧文·朗缪尔。

欧文·朗缪尔，1881年1月31日生于美国纽约市布鲁克林。朗缪尔从小对自然科学和应用技术极感兴趣。他年轻时就有一个伟大的理想：实现人工降雨，使人类摆脱靠天吃饭的命运。

朗缪尔十分理解干旱季节时农民盼雨的心情。面对农民求雨的目光，面对茫茫无际的蓝天，作为一名科学家他进行了理智而科学的探索。他经过深入的研究，终于搞清了其中的奥秘。

原来，地面上的水蒸气上升遇冷凝聚成团便是“云”。云中的微小冰点直径只有0.01毫米左右，能长时间地悬浮在空中，当它们遇到某些杂质粒子（称冰核）便可形成小冰晶，而一旦出现冰晶，水汽就会在冰晶表面迅速凝结，使小冰晶长成雪花，许多雪花粘在一起成为雪片，当雪片大到足够重时就从高空滚落下来，这就是降雪。若雪片在下落过程中碰撞云滴，云滴凝结在雪片上，便形成不透明的冰球称为雹。如果雪片下落到温度高于0℃的暖区就融化为水滴，下起雨来。

人工降雨

但是，有云未必就下雨。这是因为云中冰核并不充沛，冰晶的数目太少了。

当时，在人们中流行着一种观点：雨点是以尘埃的微粒为“冰晶”，若要下雨，空气中除有水蒸气外还必须有尘埃微粒。这种流行观点严重地束缚着人们对人工降雨的实验与研究。因为要在阴云密布的天气里扬起满天灰尘谈何容易。

朗缪尔是个治学严谨、注重实践的科学家。他当时是纽约州斯克内克塔迪通用电气公司研究实验室的副主任。在他的实验室里保存有人造云，这就是充满在电冰箱里的水蒸气。朗缪尔想方设法，使冰箱中水蒸气与下雨前大气中水蒸气情况相同。他还不停地调整温度，加进各种尘埃进行实验。

1946年7月中的一天，骄阳当空，酷热难熬。朗缪尔正紧张地进行实验，忽然电冰箱不知因何处设备故障而停止制冷，冰箱内温度降不下去。他决定采用干冰降温。固态二氧化碳气化热很大，在－60℃时为87.2卡/克。常压下能急剧转化为气体，吸收环境热量而制冷，可使周围温度降到

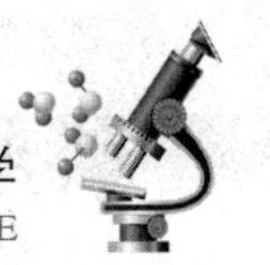

-78℃左右。当他刚把一些干冰放进冰箱的冰室中，一幅奇妙无比的图景出现了：小冰粒在冰室内飞舞盘旋，霏霏雪花从上落下，整个冰室内寒气逼人，人工云变成了冰和雪。

朗缪尔分析这一现象认识到：尘埃对降雨并非绝对必要，干冰具有独特的凝聚水蒸气的作用，即作为“种子”的云中冰晶或冰核。温度降低也是使水蒸气变为雨的重要因素之一，他不断调整加入干冰的量和改变温度，发现只要温度降到-40℃以下，人工降雨就有成功的可能。朗缪尔发明的干冰布云法是人工降雨研究中的一个突破性的发现，它摆脱了旧观念的束缚。有趣的是，这个突破性的发明，是于炎热的夏天中在电冰箱内取得的。

朗缪尔决心将干冰布云法实施于人工降雨的实践。1946 年时他虽已是 66 岁的老人，但他仍像年轻人一样燃烧着探索自然奥秘的热情。1946 年的一天，在朗缪尔的指挥下，一架飞机腾空而起飞行在云海上空。试验人员将 207 千克干冰撒入云海，就像农民将种子播下麦田。30 分钟以后，狂风骤起，倾盆大雨洒向大地。第一次人工降雨试验获得成功。

朗缪尔开创了人工降雨的新时代。根据过冷云层冰晶成核作用的理论，科学家们又发现可以用碘化银（AgI）等作为“种子”，进行人工降雨。而且从效果看，碘化银比干冰更好。碘化银可以在地上撒播，利用气流上升的作用，飘浮到空中的云层里，比干冰降雨更简便易行。

“人工降雨”行动在战争中作为一种新式的“气象武器”屡见不鲜。美越战争时期，由柬埔寨通往越南的“胡志明小道”车水马龙，国外支援越南人民抗击美帝侵略者的作战物资，靠这条唯一的通道源源不断地送往前线。但那里常常出现暴雨，特大洪水，冲断桥梁，毁坏堤坝，大批运输车辆挣扎在泥泞的山路上，交通受到了很大的影响，其破坏程度不亚于轰炸。开始越方对这种突如其来的暴雨茫然无知，后来，经多方侦查才知道，这是由美国总统约翰逊亲自批准并实施了 6 年之久的秘密气象行动，即美国在那条路上空进行了“人工降雨”行动。

“天有可测风云”其含义不仅在于“人工降雨”，它还启发人们能合理地进行人工控制天气。朗缪尔对此也作了研究，他希望在暴风雨来临之前，运用人工控制的方法，将它消灭在萌芽状态。这一设想不仅合理而且可行，现在已得到了广泛应用。

朗缪尔

朗缪尔（1881—1957），美国化学家。1903 年毕业于哥伦比亚大学的矿业学院，获冶金工程师称号。1906 年在德国哥廷根大学获化学博士学位。1906—1909 年在斯蒂芬斯理工学院任教。1909 年起在纽约的通用电气研究实验室研究物理化学，任助理主任，1932 年任副主任。朗缪尔于 1912 年研制成功高真空电子管，使电子管进入实用阶段。1913 年研制成充氮、充氩白炽灯。1924—1927 年发明氢原子焊枪。他还研制出高真空水银泵和探测潜艇用的声学器件。他在电子发射、空间电荷现象、气体放电、原子结构及表面化学等科学研究方面也作出很大贡献。他因在原子结构和表面化学方面取得的成果，获得 1932 年度诺贝尔化学奖。

干 冰

干冰是二氧化碳的凝结固态。干冰的形成温度是 -78.5℃，因此在保持物体维持冷冻或低温状态下非常有用。干冰能够急速地冷冻物体和降低温度并且可以用隔离手套来做配置。干冰已经被广泛地使用在许多层面了，干冰在增温时是由固态直接升华为气态，直接转化为气体而省略掉转为液态的程序，因此其相变并不会产生液体，也因此称它为“干冰”。要将二氧化碳变成液态，就必须加大压强至 5.1 大气压才会出现液态二氧化碳。

制造人造雨：利用飞机将干冰撒在云上，云中的小水滴就会被冻结成许多小冰晶，促使更多的水蒸气凝结在上面，化为雨滴，降落到地面。

制造云雾：由于干冰的温度很低，升华后低温的二氧化碳气体碰到空气后，可以使空气中的水蒸气凝结成小水滴，所以有白烟出现，所以舞台表演上，常使用干冰来制造云雾般的特殊效果。

冷冻剂：由于二氧化碳比空气重，干冰升华后仍可包覆在冷冻的物品上，能够维持较好的冷冻效果，尤其是在空运需要特别冷冻的物品，往往都使用它。

会自行变色的壁画

我国是世界文明古国之一。绘画颜料的使用也有悠久的历史。从河南省渑池县仰韶村发掘的著名彩陶中，就绘有红黑相间的彩色图案，证明我们的祖先在5000多年以前就已经懂得用彩色颜料绘画了。经考证，当时使用的那种黑色颜料是炭粉，红色颜料是赤铁矿（主要成分是 Fe_2O_3），古人把它称之为“红赭石”。

后来人们在自然界里又发现了一种红色颜料——朱砂，它比红赭石的颜色更鲜艳。朱砂的化学成分是硫化汞（HgS）。由于它色彩绚丽，经久不变，所以一直倍受画家珍重。在书画上盖的印章，所用的印泥也是用朱砂做的。古老的字画，由于年代久远，其画纸已变色泛黄，但是那上面的印章却仍是红艳艳的。

我国著名的敦煌壁画上那婆娑起舞的飞天，堪称世界艺术珍品。但是，那些仙女的面庞和肌肤大都是灰黑色，这真是怪事！

原来，这些画面上的灰黑色物质是硫化铅（PbS）。可当初涂上去的并不是硫化铅，而是一种有名的白色颜料——铅白，即碱式碳酸铅。它有很强的覆盖力，涂抹之处，真可谓白得耀眼，由于长期受空气中微量硫化氢气体的腐蚀（煤燃烧、动植物腐烂时都有硫化氢产生），由白色渐渐变成灰黑色。

$$\underset{\text{（白色）}}{2PbCO_3 \cdot Pb(OH)_2} + 3H_2S = \underset{\text{（黑色）}}{3PbS \downarrow} + 2CO_2 \uparrow + 4H_2O$$

博物馆里，陈列的油画，时间久了，白色画面渐渐变得黯然无光，也是同样的道理，遇到这种情况，不要着急，请你取一块软布，蘸上双氧水，在画面上轻轻擦拭，就可以使画面旧貌换新颜，恢复青春。因为具有强氧化性的双氧水能把黑色的硫化铅氧化成为白色的硫酸铅。

$$\underset{(\text{黑色})}{PbS} + 4H_2O_2 = \underset{(\text{白色})}{PbSO_4} \downarrow + 4H_2O$$

不过，为了保持古代文物的原貌，我们一般不这样做。

同样的现象也发生的在欧洲的美术馆中，意大利的博物馆里，珍藏着许多文艺复兴时期的名画，参观者惊奇地发现，有的画面上的天空不是通常见到的蔚蓝色，而是翠绿色。

原来，古代画家所使用的蓝色颜料是一种叫“铜蓝”的矿石，它的化学成分是硫化铜（CuS）和硫化亚铜（Cu_2S），这两种硫化物的性质不稳定，在空气中的二氧化碳和水蒸气作用下，日久天长，能慢慢变成绿色的碱式碳酸铜（$Cu_2(OH)_2CO_3$），于是“蓝色天空”就渐渐变成了“绿色天空”。

更奇怪的一幅画是艺术大师米开朗基罗花数年精心创作的巨幅壁画《创世纪》。就在这组奇珍异宝般的壁画中，有一幅除了和其他壁画一样，具有无穷艺术魅力以外，还有一种“特异功能”：它能相当准确地预示天气的变化。当地人发现，若壁画中人物服饰处的淡红色逐渐隐退并转变成艳丽的蓝色，那么，即使当时云雾缭绕、阴云密布，出门时也大可放心地不带雨具；反之，若壁画人物服饰处的蓝色变成淡红色时，则预示着天可能要下雨了。

壁画《创世纪》

这幅壁画为什么会预报天气呢？化学家找到了问题的答案，原来，在米开朗基罗所用的颜料之中，偶然混进二氯化钴。含有结晶水的二氯化钴显红色，而无水二氯化钴则显蓝色。每当天将下雨的时候，空气中湿度上升，画中蓝色的无水氯化钴便吸收水分，形成淡红色的水合二氯化钴，而颜料中水合二氯化钴里的结晶水逐渐蒸发掉，恢复蓝色，则是空气干燥，天将放晴的明证。

英国的一位建筑师在给外墙面粉刷的水泥中加了一些二氯化钴，别出心裁地将变色原理和色彩原理结合，创作了一幅“季节”随天气变化的风景画。每当秋高气爽时，天气干燥，二氯化钴水合物就失去了水分，由红转蓝，蓝色与水彩颜料里的黄色互补成为绿色，为人们献出已经逝去的盎然春色。而当春夏季节来临时，湿度较大，二氯化钴又吸收水分，由蓝色转变成红色，红色与黄色融为一体，风景画又为人们带来象征丰收的秋天特有的一片橙色。

敦煌壁画

敦煌莫高窟始建于十六国的前秦时期，历经十六国、北朝、隋、唐、五代、西夏、元等历代的兴建，形成巨大的规模，是世界上现存规模最大、内容最丰富的佛教艺术圣地。敦煌壁画包括敦煌莫高窟、西千佛洞、安西榆林窟共有石窟 500 多个，有历代壁画 5 万多平方米，是我国也是世界壁画最多的石窟群，内容非常丰富。敦煌壁画是敦煌艺术的主要组成部分，规模巨大，技艺精湛。敦煌壁画的内容丰富多彩，它和别的宗教艺术一样，是描写神的形象、神的活动、神与神的关系、神与人的关系以寄托人们善良的愿望，安抚人们心灵的艺术。因此，壁画的风格，具有与世俗绘画不同的特征。但是，任何艺术都源于现实生活，任何艺术都有它的民族传统；因而它们的形式多出于共同的艺术语言和表现技巧，具有共同的民族风格。

米开朗基罗的《创世纪》

在意大利，导游经常有一句口头禅，到了意大利，一定要去罗马，到了罗马，必定要看梵蒂冈——而梵蒂冈的艺术杰作主要集中在圣彼得广场、圣彼得教堂、梵蒂冈博物馆和西斯廷教堂。我们今天所说的米开朗基罗的密码画作就是在罗马梵蒂冈西斯汀教堂的那幅巨大的天花壁画《创世纪》。

此画是“文艺复兴三杰”之一的米开朗基罗（1475－1564）为罗马西斯廷教堂创作的巨幅天顶画，人物多达300多人。这是米开朗基罗在绘画创作方面的最大杰作。它分布在该教堂整个长方形大厅的屋顶。整个屋顶长36.54米，宽13.14米，平面达480平方米。作品场面宏大，人物刻画震撼人心。

《创世纪》由“上帝创造世界”、“人间的堕落”、“不应有的牺牲”3部分组成，每幅场景都围绕着巨大的、各种形态坐着的裸体青年，壁画的两侧是生动的女巫、预言者和奴隶。整个画面气势磅礴，力度非凡，拱顶似以因无法承受它的重量在颤抖。

其中《创造亚当》是整个天顶画中最动人心弦的一幕，这一幕没有直接画上帝塑造亚当，而是画出神圣的火花即将触及亚当这一瞬间：从天飞来的上帝，将手指伸向亚当，正要像接通电源一样将灵魂传递给亚当。

锅中的奥秘

厨房里有各种各样的锅：煮饭锅、炒菜锅、蒸锅、高压锅、奶锅、平锅……不过，从制造的原料来看，一般只有铁锅和铝锅这两种。

过去，人们还使用过铜锅。人类发现和使用铜比铁早得多，首先用铜来做锅，那是很自然的。在出现了铁锅以后，有的人还是喜欢用铜锅。铜有光泽，看起来很美观。在金属里，铜的传热能力仅次于银，排在第二位，这一点胜过了铁。用铜做炊具，最大的缺点是它容易产生有毒的锈，这就

是人们说的铜绿。另外，使用铜锅，会破坏食物中的维生素C。

随着工业的发展，人们发现用铜来做锅实在是委屈了它。铜的产量不多，价格昂贵，用来做电线，造电机，以至制造枪炮子弹，更能发挥它的特点。于是，铁锅取代了铜锅。

在农村，炉灶上安的大锅是生铁铸成的。生铁又硬又脆，轻轻敲不会瘪，使劲敲就要碎了。熟铁可以做炒菜锅和铁勺。熟铁软而有韧性，磕碰不碎。生铁和熟铁的区别，主要是含碳量不同。生铁含碳量超过1.7%，熟铁含碳量在0.2%以下。铁锅的价格便宜。30多年前，在厨房里的锅，几乎全是铁锅。铁锅也有它的缺点，比较笨重，还容易生锈。铁生锈，好像长了癞疮疤，一片一片地脱落下来。铁的传热本领也不太强，不但比不上铜，也比不上铝。

现在厨房里的用具很多都是铝或铝合金的制品，锅、壶、铲、勺，几乎全是铝质的。但是，在一个世纪以前，铝的价格比黄金还高，被称为“银白色的金子”。

铁　锅

法国皇帝拿破仑三世珍藏着一套铝做的餐具，逢到盛大的国宴才拿出来炫耀一番。发现元素周期律的俄国化学家门捷列夫，曾经接受过英国皇家学会的崇高奖赏——一只铝杯。这些故事现在听起来，不免引人发笑。今天，铝是很便宜的金属。和铁相比，铝的传热本领强，又轻盈又美观。因此，铝是理想的制作炊具的材料。

有人以为铝不生锈。其实，铝是活泼的金属，它很容易和空气里的氧化合，生成一层透明的、薄薄的铝锈——三氧化二铝。不过，这层铝锈和疏松的铁锈不同，十分致密，好像皮肤一样保护内部不再被锈蚀。可是，这层铝锈薄膜既怕酸，又怕碱。所以，在铝锅里存放菜肴的时间不宜过长，不要用来盛放醋、酸梅汤、碱水和盐水等。表面粗糙的铝制品，大多是生铝。生铝是不纯净的铝，它和生铁一样，使劲一敲就碎。常见的铝制品又轻又薄，这是熟铝。铝合金是在纯铝里掺进少量的镁、锰、铜等金属冶炼而成的，抗腐蚀本领和硬度都得到很大的提高。用铝合金制造的高压锅、水壶，已经广泛在市场上出售。近年来，商店里又出现了电化铝制品。这是铝经过电极氧化，加厚了表面的铝锈层，同时形成疏松多孔的附着层，可以牢牢地吸附住染料。因此，这种铝制的饭盒、饭锅、水壶等，表面可以染上鲜艳的色彩，使铝制品更加美观，惹人喜爱。

铝锅也有它的坏处，吃多了铝，容易得老年痴呆。所以大家最好用不锈钢的锅。

有一句老话，隔夜酒会死人。在农村里还很流行用铅壶装酒。大家千万要注意，如果吃了以后先会肚子疼，去医院医生很可能看不出你的病因。其实这就是所谓的“铅中毒”。

酸梅汤

酸梅汤是老北京传统的消暑饮料，在炎热的季节，多数人家会买乌梅来自行熬制（也有用杨梅代替乌梅），里边放点白糖去酸，冰镇后饮用。酸梅汤的原料是乌梅、山楂、桂花、甘草、冰糖这几种材料。《本草纲目》说：“梅实采半黄者，以烟熏之为乌梅。”它能除热送凉，安心止痛，甚至可以治咳嗽、霍乱、痢疾，神话小说《白蛇传》就写了乌梅辟疫的故事。该汤消食合中，行气散淤，生津止渴，收敛肺气，除烦安神，常饮确可祛病除疾，保健强身，是炎热夏季不可多得的保健饮品。

第七营养素

不管是吃竹笋、甘蔗，还是吃青菜、玉米，总有不少残渣——纤维素。过去，大家把它当作毫无价值的废物，现在知道它是人体需要的营养素，在各种营养素中排行第七，所以叫它第七营养素。同其他六种营养素（碳水化合物、脂肪、蛋白质、矿物质、水和维生素）比起来，纤维素对人体的作用并不小。国外报道，有一位患糖尿病3年的老人，由于多吃有丰富纤维素的食物，像谷类、豆类、水果、蔬菜等，过了半年，这位老人再不要打针吃药了。科学家向人们提出忠告，如果经常吃豆科植物，包括青豆、豌豆、小扁豆，以及土豆、玉米、蔬菜和水果，大量食用五谷杂粮，如麦类和保麸面粉等含纤维的物质，对心脏病、肥胖症、慢性便秘、痔疮等有预防作用。在化学上，纤维素被认为是某种葡萄糖的“联合体”，它既不溶于水，又不溶于乙醇等一般溶剂。人们从食物中得到的纤维素，一般也是难以消化吸收的，但是它能帮助及时带走人体内有害的东西。纤维素物质进入人体后，总是进入小肠，把脂肪、胆固醇等“排挤”开，使小肠尽量少吸收脂肪和胆固醇。经常吃含纤维素多的食物，就会使大便畅通，对便秘、痔疮、糖尿病等也有预防和治疗作用。不过，对于有肠胃溃疡等疾病的人，还是少吃纤维素食物为好。

硝酸银与摄影

如果你是个心粗手重、做实验常“滴油洒水”的人、那一定有过这样的经历——在你使用过 $AgNO_3$ 溶液的第二天，你会发现昨天溅上 $AgNO_3$ 溶液的皮肤处，出现了点点黑里带棕的色斑，如果这色斑出现在脸上，你会更加着急。

别急，给你一颗定心丸：那黑斑是不会在你脸上久驻的，短则四五天，长不过半个月，就会烟消云散的。你可能会看到它是一点点脱落的，也可能根本没察觉。这就要看你沾了 $AgNO_3$ 的那块皮肤新陈代谢的快慢情况了。

你很可能会问：“为什么 $AgNO_3$ 刚溅上时没事儿，隔一天却变黑了呢?”

告诉你，这是 $AgNO_3$ 的一种性质——它的感光性造成的。原来，那 $AgNO_3$ 溶液从棕色瓶里来到你的脸上，它就与你的脸一起暴露在光天化日之下了。强烈的光照使它分解，产生极细的银粒沉积在皮肤的表层。$AgNO_3$ 溶液是无色的，慢慢沉积下来的微细银粒是黑色的。因它没有再深入去刺激你的神经，所以你始终也觉察不到疼痛的感觉。正是 $AgNO_3$ 的这一性质，它才必须保存在棕色或黑色的瓶子里；也正因为 $AgNO_3$ 的这种性质，才导致了近代摄影术的发明。

摄影机

原来，$AgNO_3$ 放置后变黑的这种现象，早被一些细心的科学工作者发现了。只不过当时人们都认为这是热和空气对它产生的作用，谁也没想到光照的因素。

1727 年，德国人舒尔策把 $AgNO_3$ 和白垩粉（性质稳定的 $CaCO_3$）混和制成了白色乳液，盛在瓶子里放到窗台上用阳光照射。他发现，尽管瓶子里的乳液都被晒热了，可只有向阳的一面变色，背光的一面却不变，由此他认识到使 $AgNO_3$ 变色的是光而不是热。

1800 年，英国人韦奇伍德又把树叶压在涂有 $AgNO_3$ 溶液的皮革上放在阳光下照晒，他发现树叶四周的皮革慢慢变黑了，可树叶的颜色却一点没变！这样就在皮革上留下了黑底白叶的“阳光图片”。他很想把这图片保留下来，但没有办到——在拿掉树叶之后，那白色的叶影也曝了光，逐渐变成黑色，与周围一般无二了。

这以后，曾有许多人对 $AgNO_3$ 以及其他银盐进行了光敏性研究，其中特别应提到的是瑞典大化学家舍勒，他发现了 Cl_2、O_2 及许多种元素和物质，还发现了卤化银（AgCl、AgBr）比 $AgNO_3$ 更容易在光照下分解变黑的性质，这就为摄影术的诞生提供了化学物质基础。

1883 年，德国的风景画家达盖尔巧妙地把卤化银见光分解的性质与他所熟知的绘画暗箱结合了起来，从而把传统的、利用小孔成像原理加手工摹画的“绘画镜箱”，改制成了世界最早的用银盐作感光材料的“达盖尔照相机”，开创了近代摄影术的先河。

今天，彩色摄影和扩印技术都早已大众化了。在彩色摄影中，银盐仍起着它的骨干作用。如何用别的化学物质代替这价格昂贵的银盐，已成为要将摄影术推向前进的光化学专家们的攻关课题。

舍　勒

舍勒（1742－1786），瑞典化学家，近代有机化学的奠基人之一。氧气的发现人之一，同时对氯化氢、一氧化碳、二氧化碳、二氧化氮等多种气体，都有深入的研究。舍勒的研究涉及到化学的各个分支，在无机化学、矿物化学、分析化学，甚至有机化学、生物化学等诸多方面，他都做出了出色贡献。舍勒还发现了砷酸、钼酸、钨酸、亚硝酸，他研究过从骨骼中提取磷的办法，还合成过氰化物，发现了砷酸铜的染色作用，后来很长一段时间里，人们把砷酸铜作为一种绿色染料，并把它称为"舍勒绿"。1768 年，舍勒还从柠檬中制取出柠檬酸的结晶，从肾结石中制取出尿酸，从苹果中发现了苹果酸，从酸牛奶中发现了乳酸，还提纯过没食子酸。舍勒还曾研究过许多矿物，如石墨矿、二硫化铜矿等，提出了有效地鉴别矿物的方法。他在研究萤石矿时，发现了氢氟酸。同时探索了氟化硅的性质。他还测定过软锰矿（二氧化锰）的性质。证明软锰矿是一种强氧化剂。

硝酸银的危害与预防

误服硝酸银可引起剧烈腹痛、呕吐、血便，甚至发生胃肠道穿孔。可造成皮肤和眼灼伤。长期接触该品的工人会出现全身性银质沉着症。

接触操作人员必须经过专门培训，严格遵守操作规程。操作人员最好佩戴头罩型电动送风过滤式防尘呼吸器，穿胶布防毒衣，戴氯丁橡胶手套，切忌将其滴在皮肤上。远离火种、热源，工作场所严禁吸烟。远离易燃、可燃物。避免产生粉尘。避免与还原剂、碱类、醇类接触。搬运时要轻装轻卸，防止包装及容器损坏。配备相应品种和数量的消防器材及泄漏应急处理设备。倒空的容器可能残留有害物。

当皮肤接触时，脱去污染的衣着，用肥皂水和清水彻底冲洗皮肤。当眼睛接触时，提起眼睑，用流动清水或生理盐水冲洗。就医。吸入时，迅速脱离现场至空气新鲜处。保持呼吸道通畅。如呼吸困难，给输氧。如呼吸停止，立即进行人工呼吸。就医。误食时，用水漱口，给饮牛奶或蛋清。就医。

甜味的“油”

1779 年，瑞典化学家舍勒在用橄榄油和一氧化铅做实验时，制得一种无色且没什么气味的液体。后来，他又换了别的油类和药品来做实验，发现也能得到这种液体并同时得到肥皂。

“这液体会是什么味道呢?”这位什么都要品尝一下的化学家照例尝了一点这种液体，他发现这液体有股“很温柔的甜味”。他不禁咽下了一些，待了一会儿，也没什么不适——这说明它没什么毒。不知是庆幸自己没有中毒还是又发现了一种新物质，总之，他感到很高兴。

从此，这种总和肥皂一起诞生，无色无嗅有温柔甜味的黏稠液体就有了自己的名字——“甜味的油”，也即甘油。至于它该不该算作油类，为什么是油却溶于水，谁都没去动那个脑筋。

给它派个什么用场呢? 人们试着把它的溶液搽到脸上、手上，发现它能湿润皮肤，于是，它就成了至今还在使用的皮肤滋润剂。但你得注意，不要把浓甘油或纯甘油搽在脸上，那会从你脸上皮肤中住外吸水，使你的脸越搽越干，紧绷绷难受的!

1836 年，在人们制得纯甘油以后，又发现了它还有可燃性，随即又通过实验知道了它也是由碳、氢、氧 3 种元素组成，如果只从元素组成上看，确实与那些油类一样。

10年以后，意大利化学家沙勃莱洛用甘油与硝酸制得了硝化甘油（也叫硝酸甘油或三硝酸甘油酯），这是一种很奇特的物质：作为急救药，它可以使心绞痛病人死里逃生；作为炸药，它又会对不慎磕碰了它的人大发雷霆，甚至把靠近它的人炸得血肉横飞！

因此，人们只好对硝酸甘油敬而远之。但对甘油却始终没有停止研究。1856年，英国化学家帕金首先合成了人工染料，甘油便作为副手帮这些染料为人们染衣服。几乎是在同时，瑞典化学家贝采利阿斯等人利用甘油与别的物质作用，做出了最简单的塑料，为以后塑料工业的发展开创了道路。

诺贝尔纪念币

1867年，炸药大王诺贝尔用硅藻土（无定形二氧化硅）吸收硝化甘油，制成了安全炸药。10年后，他又把硝化纤维和硝化甘油混和制成了炸胶——这种像橡皮泥一样的炸药可以很容易地粘在坦克或军舰铁舱门上，然后用雷管引爆。

1883年，人们才弄清了甘油的结构，知道它应该叫丙三醇，不应属于油脂类，而应算乙醇（酒精）的本家兄弟。

“大炮一响，甘油万两”，第一次世界大战使硝化甘油的消耗量猛烈增加，只靠植物油脂制造甘油已满足不了需要。为了有更多的甘油来制造炸药，德国人发明了用甜菜发酵的方法制造甘油，每年2000吨的甘油把大炮“喂”饱了，人们的咖啡和奶酪里却没有了甜味儿！

第二次世界大战以后，世界石油工业有了很大发展，这就为甘油的生产开辟了新径。现在丙烯合成法已风行全球，人们对甘油的利用也扩展到1700种之多！

诺贝尔

诺贝尔（1833－1896），瑞典化学家、工程师、发明家、军工装备制造商和炸药的发明者。他曾拥有博福斯军工厂，主要生产军火；还曾拥有一座钢铁厂。他的299种发明专利中有129种发明是关于炸药的，所以诺贝尔被称为炸药大王。1884年加入瑞典皇家科学会、伦敦的皇家学会和巴黎的土木工程师学会。诺贝尔一生未婚，没有子女。一生的大部分时间忍受着疾病的折磨。在他的遗嘱中，他利用他的巨大财富创立了诺贝尔奖，各种诺贝尔奖项均以他的名字命名。人造元素锘就是以诺贝尔命名的。

诺贝尔的遗嘱全文

在经过成熟的考虑之后，就此宣布关于我身后可能留下的财产的最后遗嘱如下：

我所留下的全部可变换为现金的财产，将以下列方式予以处理：这份资本由我的执行者投资于安全的证券方面，并将构成一种基金；它的利息将每年以奖金的形式，分配给那些在前一年里曾赋予人类最大利益的人。上述利息将被平分为5份，其分配办法如下：

一份给在物理方面作出最重要发现或发明的人；一份给作出过最重要的化学发现或改进的人；一份给在生理和医学领域作出过最重要发现的人；一份给在文学方面曾创作出有理想主义倾向的最杰出作品的人；一份给曾为促进国家之间的友好、为废除或裁减常备军队以及为举行和平会议作出过最大或最好工作的人。物理和化学奖金，将由瑞典皇家科学院授予；生理学和医学奖金由在斯德哥尔摩的卡罗琳医学院授予；文学奖金由在斯德哥尔摩的瑞典文学院授予；和平奖金由挪威议会选出的一个五人委员会来授予。

我的明确愿望是，在颁发这些奖金的时候，对于受奖候选人的国籍丝毫不予考虑，不管他是不是斯堪的纳维亚人，只要他值得，就应该授予奖金。我在此声明，这样授予奖金是我的迫切愿望。

这是我的唯一有效的遗嘱。在我死后，若发现以前任何有关财产处理的遗嘱，一概作废。

阿尔弗雷德·伯哈德·诺贝尔

1895 年 11 月 27 日

饮水中的化学道理

水是生命的源泉。人对水的需要仅次于氧气。人如果不摄入某一种维生素或矿物质，也许还能继续活几周或带病活上若干年，但人如果没有水，却只能活几天。人体细胞的重要成分是水，水占成人体重的 60% ~70%，占儿童体重的 80% 以上。

一般而言，人每天喝水的量至少要与体内的水分消耗量相平衡。人体一天所排出尿量约有 1500 毫升，再加上从粪便、呼吸过程中及从皮肤所蒸发的水，总共消耗水分大约是 2500 毫升，而人体每天能从食物中和体内新陈代谢中补充的水分只有 1000 毫升左右，因此正常人每天至少需要喝 1500 毫升水，大约 8 杯。

饮 水

很多人往往在口渴时才想起喝水，而且往往是大口吞咽，这种做法是不对的。喝水太快太急会无形中把很多空气一起吞咽下去，容易引起打嗝或是腹胀，因此最好先将水含在口中，再缓缓喝下，尤其是肠胃虚弱的人，喝水更应该一口一口慢慢喝。

喝水切忌渴了再喝，应在两顿饭期间适量饮水，最好隔一个小时喝一杯。人们还可以根据自己尿液颜色来判断是否需要喝水。一般来说，人的尿液为淡黄色，如果颜色太浅，则可能是水喝得过多，如果颜色偏深，则表示需要多补充一些水了。睡前少喝、睡后多喝也是正确饮水的原则，因为睡前喝太多的水，会造成眼皮水肿，半夜也会老跑厕所，使睡眠质量不高。而经过一个晚上的睡眠，人体流失的水分约有450毫升，早上起来需要及时补充，因此早上起床后空腹喝水有益血液循环，也能促进大脑清醒，使这一天的思维清晰敏捷。

要多喝开水，不要喝生水。煮开并沸腾3分钟的开水，可以使水中的氯气及一些有害物质被蒸发掉，同时又能保持水中人体必需的营养物质。喝生水的害处很多，因为自来水中的氯可以和没烧开水中的残留的有机物质相互作用，导致膀胱癌、直肠癌的机会增加。

要喝新鲜开水，不要喝放置时间过长的水。新鲜开水，不但无菌，还含有人体所需的十几种矿物质。但如果时间过长或者饮用自动热水器中隔夜重煮的水，不仅没有了各种矿物质，而且还有可能含有某些有害物质，如亚硝酸盐等，由此引起的亚硝酸盐中毒并不鲜见。

白开水是最好的饮料，它不用消化就能为人体直接吸收利用。一般建议喝30℃以下的温开水最好，这样不会过于刺激肠胃道的蠕动，不易造成血管收缩。

喝水不当会“中毒”。“水中毒”是指长期喝水过量或短时间内人体必须借助尿液和汗液将多余的水分排出，但随着水分的排出，人体内以钠为主的电解质会受到稀释，血液中的盐分会越来越少，吸水能力随之降低，一些水分就会很快被吸收到组织细胞内，使细胞水肿。开始会出现头昏眼花、虚弱无力、心跳加快等症状，严重时甚至会出现痉挛、意识障碍和昏迷。因此有些女孩子想靠超大量喝水减肥的方法是很危险的。

一天当中饮水的4个最佳时间：

第一次：早晨刚起床，此时正是血液缺水状态。

第二次：上午8时至10时左右，可补充工作时间流汗失去的水分。

第三次：下午3时左右，正是喝茶的时刻。

第四次：睡前，睡觉时血液的浓度会增高，如睡前适量饮水会冲淡积压液，扩张血管，对身体有好处。

人类健康的肌体必须保持水分的平衡，人在一天中应该饮用7~8杯水。“一日之计在于晨”，清晨的第一杯水尤其显得重要。也许你已习惯了早上起床后喝一杯水，但你是否审视过，这一杯水到底该怎么喝？

早上起来的第一杯水最好不要喝果汁、可乐、汽水、咖啡、牛奶等饮料。汽水和可乐等碳酸饮料中大都含有柠檬酸，在代谢中会加速钙的排泄，降低血液中钙的含量，长期饮用会导致缺钙。而另一些饮料有利尿作用，清晨饮用非但不能有效补充肌体缺少的水分，还会增加肌体对水的需求，反而造成体内缺水。

优质饮用水的6条标准是：

(1) 不含有害人体健康的物理性、化学性和生物性污染。

(2) 含有适量的有益于人体健康，并呈离子状态的矿物质（钾、镁、钙等含量在100毫克/升）。

(3) 水的分子团小，溶解力和渗透力强。

(4) 应呈现弱碱性（pH值为8~9）。

(5) 水中含有溶解氧（5毫克/升左右），含有碳酸根离子。

(6) 可以迅速、有效地清除体内的酸性代谢产物和各种有害物质。

到目前为止，只有活性离子水能够完全符合以上标准。因此它不仅适合健康人长期饮用，而且也由于它具有明显的调节肠胃功能、调节血脂、抗氧化、抗疲劳和美容作用，也非常适合胃肠病、糖尿病、高血压、冠心病、肾脏病、肥胖、便秘和过敏性疾病等患者辅助治疗。必须注意的是，现在市面上的大多数能产生活性离子水的医疗器械价格非常昂贵，并且一定要在医生指导下使用，否则会给患者带来相反的效果。

当你举起茶杯喝水时，可曾想到：水不再是无穷无尽的“天授之物”。随着地球上人口的增加，淡水的过量开采，世界上的水荒正在威胁着人类生存。人类需要有足够的水，而且渴望喝上纯净的水。近年来市场上充斥着各种矿泉水、蒸馏水，又出现了“人造纯净水”，每瓶售价2~10元。在夏季众多的饮料中，人们为什么要花高价买一瓶没有什么味道的“白”水呢？我们知道，人口的增加，工业的发达，不但造成水源匮乏，而且生态环境也日益恶化，许多地方的水质在下降。人们在呼唤净化环境，保护水源的同时，目光自然转向清洁的“人造纯净水”上。蒸馏水可算作最早的人造纯净水。上百年来蒸馏水只作为医药部门消毒、配药专用水，而把蒸馏水作为饮料出售，这是近几年来发生的事。普通水经高温蒸发再冷凝而成蒸馏水，在其吸热、放热过程中，消耗大量能源。在能源紧张的今天，蒸馏水还是作为医疗用水好，不宜作为饮水大量生产。矿泉水很受人们欢迎，它一般污染少，且含有一定的微量元素，长期饮用对身体健康有促进作用。

正因为矿泉水水质好，因此国内外出现了开发矿泉水资源热。然而，矿泉水资源毕竟是有限的，满足大多数人饮用是不可能的。矿泉壶的发明，使人们用普通水制取“天然矿泉水”成为现实，所以矿泉壶已开始进入家庭。但矿泉壶的滤芯孔径一般为0.45微米，小于0.45微米的过滤性病毒，大部分化学药物、重金属污染物依然会存在于已过滤的水中；同时矿泉壶只有一个进水口和一个出水口，滤芯用后可能成为新的污染源，影响水质。因此，专家们建议，新型高档矿泉壶应设计有水质检测显示，以使人们放心饮用。与上述两种水相比，现在出现的“人造纯水”可能是最有前途的。人们从淡化处理海水中得到启示来生产这种水。海湾石油诸国，如科威特、沙特阿拉伯等国已用海水淡化的方法为居民提供生活饮用水。

水也会衰老！通常我们只知道动物和植物有衰老的过程，其实水也会衰老，而且衰老的水对人体健康有害。据科研资料表明，水分子是主链状结构，水如果不经常受到撞击，也就是说水不经常处于运动状态，而是静止状态时，这种链状结构就会不断扩大、延伸，就变成俗称的“死水”，这就是衰老了的老化水。现在许多桶装或瓶装的纯净水，从出厂到饮用，中间常常要存放相当长一段时间。桶装或瓶装的饮用水，在静止状态存放超过3天，就会变成衰老了的老化水，就不宜饮用了。

未成年人如常饮用存放时间超过3天的桶装或瓶装水会使细胞的新陈代谢明显减慢，影响生长发育，而中老年人常饮用这类变成老化水的桶装

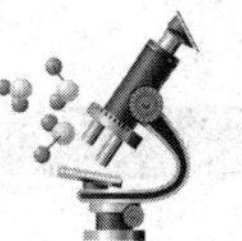

或瓶装水，就会加速衰老。专家研究提出，近年来，许多地区食管癌及胃癌发病率增多，可能与饮用水有关。研究表明，刚被提取的、处于经常运动、撞击状态的深井水，每升仅含亚硝酸盐 0.017 毫克，但在室温下储存 3 天，就会上升到 0.914 毫克，原来不含亚硝酸盐的水，在室温下存放一天后，每升水也会产生亚硝酸盐 0.0004 毫克，3 天后可上升 0.11 毫克，20 天后则高达 0.73 毫克，而亚硝盐可转变为致癌物亚硝胺。有关专家指出：对桶装水想用则用，不用则长期存放，这种不健康的饮水习惯，对健康无益。

目前在美国纯水与矿泉水的销售量之比是 10 000∶1，并已研制出家用小型纯水机，它由微机控制，可根据需要制成纯水、开水、冰水，使用寿命可达 10～20 年以上。据介绍，这种小型纯水机，是用普通水经高压膜过滤，运用“逆透法”原理制成的。所制得水，水质质量较高。我国北京有的厂家也能生产这种纯水，而且口感极佳、清凉爽口。

pH 值

氢离子浓度指数是指溶液中氢离子的总数和总物质的量的比。它的数值俗称“pH 值”。表示溶液酸性或碱性程度的数值，即所含氢离子浓度的常用对数的负值。

氢离子浓度指数一般在 0～14 之间，当它为 7 时溶液呈中性，小于 7 时呈酸性，值越小，酸性越强；大于 7 时呈碱性，值越大，碱性越强。pH 值是 1909 年由丹麦生物化学家索伦森提出。p 来自德语 Potenz，意思是浓度、力量，H 代表氢离子。

由于实际中的溶液不是理想溶液，所以仅仅用 H^+ 浓度是不可以准确测量的，因此也无法准确计算得到溶液的 pH 值。

水对人体的重要作用

(1) 人的各种生理活动都需要水，如水可溶解各种营养物质，脂肪和蛋白质等要成为悬浮于水中的胶体状态才能被吸收；水在血管、细胞之间川流不息，把氧气和营养物质运送到组织细胞，再把代谢废物排出体外。

(2) 水在体温调节上有一定的作用。当人呼吸和出汗时都会排出一些水分。比如炎热季节，环境温度往往高于体温，人就靠出汗，使水分蒸发带走一部分热量，来降低体温，使人免于中暑。而在天冷时，由于水储备热量的潜力很大，人体不致因外界温度低而使体温发生明显的波动。

(3) 水还是体内的润滑剂。它能滋润皮肤。皮肤缺水，就会变得干燥失去弹性，显得面容苍老。体内一些关节囊液、浆膜液可使器官之间免于摩擦受损，且能转动灵活。眼泪、唾液也都是相应器官的润滑剂。

(4) 水是世界上最廉价最有治疗力量的奇药。矿泉水和电解质水的保健和防病作用是众所周知的。主要是因为水中含有对人体有益的成分。当感冒、发热时，多喝开水能帮助发汗、退热、冲淡血液里细菌所产生的毒素；同时，小便增多，有利于加速毒素的排出。

海洋中的丰富化学元素

海洋是连绵不绝的盐水水域，分布于地表的巨大盆地中。面积约 3.6 亿平方千米，大约占地球表面积的 70.9%。海洋中含水量约占地球上总水量的 97.5%。全球海洋一般被分为数个大洋和面积较小的海。4 个主要的大洋为太平洋、大西洋、印度洋和北冰洋（有科学家又加上第五大洋，即南极洲附近的海域），大部分以陆地和海底地形线为界。

海洋中含有大量矿物资源、能源资源、植物资源、动物资源，是人类的巨大物质财富。随着科学技术水平的提高，人类不断向海洋的深度、广度进军，海洋化学也得到了蓬勃发展。

目前已测知的海水中所含的化学元素种类，达27种。它们的含量差别较大。根据含量多少，大体上分为3类：每升海水中含有1~100毫克的元素叫微量元素；每升海水中含100毫克以上的元素，叫常量元素；每升海水中含有1毫克以下的元素叫痕量元素。尽管是痕量元素，由于海水量极大，其总储量仍然相当可观，如铀在海水中的浓度是0.003毫克/升，但它的总储量却有40多亿吨，比陆地已知储量大约4000倍以上。化学家们对海洋中包含的矿藏非常感兴趣，努力寻找有效的方法提取它们。

海水中化学物质提取是有无限前景的新兴产业。溶解于海水的3.5%的矿物质是自然界给人类的巨大财富。不少发达国家已在这方面获取了很大利益。我国对海水化学元素的提取，目前形成规模的有钾、镁、溴、氯、钠、硫酸盐等。从4立方千米海水中得到的食盐，足够全世界人们好几年的需用，同时利用食盐还可以大力发展盐化工业，生产烧碱、纯碱、氯气等重要化工产品。镁在航空航天领域中应用非常广泛。大部分金属镁来自于海水，具体生产方法是将海水与石灰混合，使其发生反应生成氢氧化镁，进而从氢氧化镁制得镁。由454千克海水，大约就可制得454克镁。溴用于医药、染料、照相等，多数溴也是从海水中提取的。它是用硫酸和氯气处理海水得到的。先分离出溴，再将空气通入溴水中，溴蒸气就产生出来。454吨海水中约可得到31.78千克溴。我国是世界海盐第一生产大国，年产量近2000万吨；目前，我国还处在盐碱工业向海洋化工工业的过渡阶段，经过“八五”、“九五”、“十五”技术攻关，直接从海水中提取化学物质的产业正在我国逐步形成。全球数量巨大的海水，其体积为13.7亿立方千米。海水本身就是一座资源宝库，海水中溶解有80多种金属和非金属元素。海水中微量元素有60多种，如锂（Li）有2500亿吨，它是热核反应中的重要材料之一，也是制造特种合金的原料；铷（Rb）有1800亿吨，它可以制造光电池和真空管；碘（I）有800亿吨，它可以用于医药，常用的碘酒就是用碘制成的。

特别值得指出的是，躺在海洋底部大量的锰结核，含有铁、锰、铜、钴、镍等20多种宝贵的元素。这种锰结核颜色与外形像“炸肉丸子”，可以直接打捞。它在整个海底的储藏量约15 000亿吨。更可贵的是这种“矿

锰结核

瘤”每年还会增长。锰结核中所含的金属量是陆地上的几十倍甚至上千倍。例如，钼含量8.8亿吨，是陆地上钼的总储量的40倍；钴的含量58亿吨，是陆地上总含量的280倍。这一批巨大的稀世珍宝，正等待着人们去开发利用。

铀是高能量的核燃料，1千克铀可供利用的能量相当于2250吨优质煤。然而陆地上铀矿的分布极不均匀，并非所有国家都拥有铀矿，全世界的铀矿总储量也不过 2×10^6 吨左右。但是，在巨大的海水水体中，含有丰富的铀矿资源，总量超过 4×10^9 吨，约相当于陆地总储量的2000倍。

海水提铀的方法很多，目前最为有效的是吸附法。氢氧化钛有吸附铀的性能。利用这一类吸附剂做成吸附器就能够进行海水提铀。现在海水提铀已从基础研究转向开发应用研究。日本已建成年产10千克铀的中试工厂，一些沿海国家亦计划建造百吨级或千吨级铀工业规模的海水提铀厂。如果将来海水中的铀能全部提取出来，所含的裂变能相当于 1×10^{16} 吨优质煤，比地球上目前已探明的全部煤炭储量还多1000倍。

重水也是原子能反应堆的减速剂和传热介质，也是制造氢弹的原料，海水中含有 2×10^{14} 吨重水，氘是氢的同位素。氘的原子核除包含一个质子外，比氢多了一个中子。氘的化学性质与氢一样，但是一个氘原子比一个氢原子重一倍，所以叫做“重氢”。氢二氧一化合成水，重氢和氧化合成的水叫做“重水”。如果人类一直致力地受控热核聚变的研究得以解决，从海水中大规模提取重水一旦实现，海洋就能为人类提供取之不尽、用之不竭的能源。蕴藏在海水中的氘有50亿吨，足够人类用上千万亿年。实际上就是说，人类持续发展的能源问题一劳永逸地解决了。

据估计，世界石油的总蕴藏约3000亿吨，而海洋中占有45%；已探明的世界天然气储量是85 000亿～86 000亿立方米，海洋中占1/3。因此，近20年来，世界许多国家都争先恐后地对大陆架的石油和天然气进行积极的勘探和开采。我国的这方面，虽然起步较晚，但已取得了很大成绩。蓝色的海洋，蕴藏着无穷无尽的宝藏。

可想而知，随着人类生活日益增长的需要和科学技术的进步，今后海洋水域工业将有很大的发展。海洋化学是一门极为重要的科学，有着广阔的发展前途。“海洋水产生产农牧化”、“蓝色革命计划”和“海水农业”构成未来海洋农业发展的主要方向。

随着科技的进步和时代的发展，一个开发海洋的新时代已经来临。

烧 碱

氢氧化钠（NaOH），俗称烧碱、火碱、苛性钠，常温下是一种白色晶体，具有强腐蚀性。易溶于水，其水溶液呈强碱性，能使无色酚酞变红。氢氧化钠是一种极常用的碱，是化学实验室的必备药品之一。氢氧化钠在空气中易吸收水蒸气，对其必须密封保存，且要用橡胶瓶塞。它的溶液可以用作洗涤液。广泛应用的污水处理剂、基本分析试剂、配制分析用标准碱液、少量二氧化碳和水分的吸收剂、酸的中和、钠盐制造。制造其他含氢氧根离子的试剂；在造纸、印染、废水处理、电镀、化工钻探方面均有重要用途。

不翼而飞的“卫生球”

衣箱、衣柜里，常常暗藏着蛀虫和蠹鱼，它们啃食天然纤维，损坏衣物。而有些卫生球是用萘做的。萘是从煤焦油里提炼出来的一种白色晶体物质，它散发出一种特殊的气味。蛀虫、蠹鱼害怕这种气味，有卫生球在，它们就"闻味而逃"，衣物才得以安然无恙。还有一种防虫蛀的方法，是在衣箱里放樟脑丸。樟脑是从樟木里提炼出来的一种香料，是无色或白色的结晶，有强烈的樟木气味。纯净的樟脑资源有限，而且樟脑在医药、塑料和香料工业里有更大的用处，所以人们用合成樟脑来代替天然樟脑制樟脑丸。

冬天打开衣箱取棉衣时，你会发现原来放进去的卫生球或樟脑丸都已经"不翼而飞"了，这是由于萘和樟脑都会直接变成气体跑掉。这种固体不经过液态而直接变成蒸气的现象，在化学上叫做"升华"。涂抹在皮肤上的碘酒（碘的酒精溶液），在酒精干了之后，皮肤上的黄色也很快褪去。这是碘变成了气体，升华了。

卫生球里的萘不纯净，混有带颜色的杂质，萘升华以后，常在衣物上留下黄斑。所以，把卫生球放进衣箱时，要用纸包上。

前景广阔的河口化学

三角洲是河流流入海洋或湖泊时，因流速减低，所携带泥沙大量沉积，逐渐发展成的冲积平原。三角洲又称河口平原，从平面上看，像三角形，顶部指向上游，底边为其外缘，所以叫三角洲。三角洲的面积较大，土层深厚，水网密布，表面平坦，土质肥沃，如我国的长江三角洲、珠江三角洲和黄河三角洲等。三角洲根据形状又可分为尖头状三角洲、扇状三角洲和鸟足状三角洲。三角洲地区不仅是良好的农耕区，而且往往是石油、天然气等资源十分丰富的地区。

河流注入海洋或湖泊时，水流向外扩散，动能显著减弱，并将所带的泥沙堆积下来，形成一片向海或向湖伸出的平地，外形常呈"△"状，所以称为三角洲。

三角洲是河口地区的冲积平原，是河流入海时所夹带的泥沙沉积而成的。世界上每年约有160亿立方米的泥沙被河流搬入海中。这些混在河水里的泥沙从上游流到下游时，由于河床逐渐扩大，降差减小，在河流注入大海时，水流分散，流速骤然减少，再加上潮水不时涌入有阻滞河水的作用，特别是海水中溶有许多电离性强的氯化钠（盐），它产生出的大量离子，能使那些悬浮在水中的泥沙也沉淀下来。于是，泥沙就在这里越积越多，最后露出水面。这时，河流只得绕过沙堆从两边流过去。由于沙堆的迎水面直接受到河流的冲击，不断受到流水的侵蚀，往往形成尖端状，而北方水面却比较宽大，使沙堆成为一个三角形，人们就给它们命名为“三角洲”。

珠江三角洲

世界上近海岸的河口地区，一般都是人口密集、工农业生产发达的地方。以我国为例，长江口上有上海市，珠江口上有广州市，海河口上有天津市等。这是由于在河口地区一般都会形成三角洲，那里土质肥沃，有利于经济的发展。像密西西比河和尼罗河形成的三角洲，其面积达几千平方千米。其中密西西比河三角洲向南移动扩大面积已经有几百万年的历史了。随着城市的繁荣，工农业生产的发展，人们对沿海一带的河口地区日益重视，研究也越来越深入，这里不仅有胶体化学的问题，还有其他一些化学问题，因此，20 世纪 70 年代后期出现了一门新的学科——河口化学。

河口化学是研究各种物质在河口区的河水和海水不断交汇过程中的通量、相互作用、物质变化及其过程的学科。

河口是河海交汇的地带，是典型的地表水从淡水过渡到咸水的过渡性环境，不但物质通量相当大，而且化学变化和物理变化相当复杂。

各河口的地理条件和水文条件不同，河水和海水交汇的情况也有各种不同的类型，所发生的化学过程也不同。由于化学成分和水化学性质的分布，有较大的水平梯度和垂直梯度，化学变化过程大多是有方向性的。因此，海水组分的来源、污染物质入海后的迁移规律、陆地径流提供的营养元素对海洋生物生产力的影响、河口及口外附近的沉积过程等，都是重要的研究课题。

长期以来，人们对欧洲的泰晤士河、莱茵河和塞纳河，美洲的密西西比河、哥伦比亚河和圣劳伦斯河等地区的河口化学过程，进行过系统研究。中国从20世纪50年代以来，对长江河口、九龙江河口、钱塘江河口和珠江河口等的化学过程，已进行了一系列的调查研究工作。这些研究与化学、生物、地质和水文等学科互相渗透、交叉和促进，在20世纪70年代发展形成河口化学这门新兴学科。

1974年在英国伦敦召开了河口化学学术讨论会，对发展河口化学起了促进作用。1976年首次出版了伯顿和利斯编写的《河口化学》专著，5年后又出版了乌劳松和卡托编著的《河口化学与生物地球化学》一书。

河口化学研究的过程主要包括河口区的物质输入和输出、化学变化和物质在河口区的迁移3种过程。

河流将大量化学物质输入河口区，包括河水中溶解物质悬浮颗粒物质和河床上面的一层泥沙。后者受径流切力的影响而向外海推移，称为推移质。河流带来的大部分物质，在河口经历了各种作用过程之后，被输送到外海，这是海洋中化学物质的主要来源之一。

根据戈德堡1975年综合的数据估算，从陆地输送到海洋的物质，每年约为250亿吨，其中约有210亿吨是经河口进入海洋的。就一些重金属进入海洋的通量来看，银、钴、铬等各有90%以上是通过河口进入的；镉、铜、汞各约50%由河口输入；而锌、铅、镍则较多地通过大气输送到海洋。总之，进入海洋的化学物质，绝大部分通过河口，因此研究海洋中各种化学物质的地球化学收支平衡时，不能不掌握全世界各主要河口化学物质通量的资料。

但如果只从河流的径流量和河水组成，计算各种化学物质的入海通量，而不了解这些化学物质在河口区经历过什么变化，有多少被留在河口区，就无法进行比较准确的计算。除河流输入河口区和从河口区输送到外海两个通量外，河口区还同大洋一样与大气和底部沉积层进行物质交换。尤其是沉积作用因受到河水与海水混合的复杂过程的影响，在河口区还是相当剧烈的。

从河口入海的物质，不但在海底形成各种自生矿物，如各种海生硅酸盐和洋底锰结核等，而且为近岸生物群落提供营养盐。

由于河水和海水的电解质浓度和酸碱度等环境因素有明显差异，因而在混合过程中便发生了一些化学变化，如胶体的生成和凝聚（或称絮凝）、沉淀的产生、黏土矿物与海水作用形成另一种矿物、吸附或解吸的加强、一些化学平衡的推移等。

电解质的增加，使离子强度增大，可提高一些难溶盐的溶解度。氢离子浓度和离子强度的改变，变更碳酸盐体系的平衡；使不同形式的重金属离子络合物间的比例发生变化；使多数过渡元素改变其在水体中的价态和存在形式。然而，影响较显著的还是胶体或沉淀的生成，它能吸附多种微量成分而改变它们的分布和迁移的特性。

河水与海水混合生成的铁、铝、锰的水合氧化物胶体，能显著地吸附重金属离子和溶解硅酸盐，而被称为海洋重金属元素的“清除剂”。在一般河口，铝、铁、锰、铜、锌、镍、钴等金属的90% ~99% 是以颗粒态形式从河口输出到海洋的。

河口半咸水带是许多生物繁殖的良好环境，生物吸收或释出化学物质和生物死亡后的降解作用等生物地球化学过程，对河口的化学组成也起着重要的作用。

在河水和海水混合的水体内的化学组分，可分为保守组分和非保守组分两类。前者在混合过程中没有溶出或转移，后者则因化学变化或因生物的吸收而发生溶出或转移。因此，它们的浓度与盐度的关系不同。

在河口，特别是在人口比较集中的河口区水体中，有机物的含量远大于外海水中的含量。有机物的存在能影响微量元素在河口的地球化学特性，如有机物中的含氧基团等能与金属离子络合；一些有机物与金属离子又能形成难溶性的有机金属化合物，并能附着在其他悬浮颗粒物上而沉淀到海底。

河口水域中的悬浮物，含量较高，吸附能力又强，对金属元素和有机物的迁移起重要的作用。这些颗粒的沉降、再悬浮、随水体运动、在底床上被推移、解吸、氧化态的改变和在沉积中继续进行的化学转化过程（成岩作用），都影响河口化学物质的迁移和反应过程。

总的说来，在河水和海水交汇的河口区，同海－底界面区和海－气界面区一样，存在着比较剧烈而复杂的化学过程。因此，河口化学过程的研究，是化学海洋学中相当重要的一环。

由此可见，河口化学的研究对发展沿海城市的经济十分重要。河口化学研究的内容很广泛，主要有：河口水的基本物理、化学性质，河水与海水混合时物质的变化过程和规律，重金属离子在河口地区的转移规律，河口的放射性元素的研究，城市工业和生活废水的输入对河口化学过程的影响，当然还有污染和环境保护问题等。河口化学是一门重要的新兴边缘科学，它与海洋化学、胶体化学、溶液化学、络合物化学、分析化学、环境化学等有着密切的联系。它关系着人口集中、经济发达、生态环境复杂地区的一些化学基本规律，对国民经济发展有着重要作用。因此，河口化学是一个有着广阔发展前景的化学分支。

胶体化学

胶体化学的历史是从1861年开始的，创始人是英国化学家格雷姆，首先提出晶体和胶体的概念，如溶胶、凝胶、胶溶、渗析、离浆等。1903年，奥地利化学家席格蒙迪发明了超显微镜，肯定了溶胶的多相性，从而明确了胶体化学是界面化学。1907年，德国物理化学家奥斯特瓦尔德创办了第一个胶体化学的专门刊物——《胶体化学和工业杂志》，因而许多人把这一年视为胶体化学正式成为独立学科的一年。

胶体研究胶体、大分子溶液及乳状液等类分散体系和与界面现象相关联的体系的性质及规律的一个学科分支。胶体现象很复杂，几乎与国民经济的各个部门都有密切关系。冶金、石油、轻纺、橡胶、塑料、食品、感光材料、日用化工等工业以及农业、军事等部门在一些关键环节上都离不开胶体化学。生物与环境科学也广泛涉及胶体化学的一些基本原理和方法。

铬与近视

铬是一种银光闪闪的金属，自行车上镀的“克罗米”就是铬。铬也是人体必需的微量元素。科学家通过实验指出：如果没有铬，人体里的胰岛素就不能充分发挥作用，造成生长发育不良。铬的缺少，又会影响视力。通过对青少年近视病例的调查分析表明，日常饮食中缺少铬，会使眼睛的晶状体变得凸出，屈光度增加，因而造成近视。如果饮食正常，一般是不会缺铬的。可是偏食，总吃精细食品，就可能造成缺铬。因为越精制的食品，含铬量越低。相反，粗制品的含铬量就比较高。如粗糖的铬含量比精糖的铬含量高 100 ~ 200 倍。人体每天需要从食物中得到 20 ~ 500 微克的铬，只要饮食正常，可以满足人体对铬的需求。假如你感到缺铬，或者开始近视，那么，不妨经常吃含铬量较多的食物，如糙米、全麦片、小米、玉米、粗制红糖等等。

令人恐怖的化学武器

化学武器，是一种以毒剂杀伤有生力量的武器。装有毒剂的炮弹、火箭弹、导弹弹头、布洒器、地雷等统称化学武器。

人类在战争中使用有毒物质可追溯到公元前数百年，而化学武器的使用则始于近代，主要是20世纪初化学工业迅猛发展，先进科学技术广泛运用于军事领域以后。一战是战争史上首次大规模使用化学武器的作战。

一战后，在世界各国人民强烈谴责使用化学武器的压力下，于1925年6月17日签订了关于在战争中禁用毒物、有毒气体和细菌的日内瓦议定书。但历史表明，它并不能制止化学武器的使用与发展。

高科技术在军事领域的广泛运用，使化学武器的质量和性能得到了进一步的提高和完善。军事大国当前的化学武器已基本形成系列化、通用化、二元化和多类型，达到了高毒性、高渗透性，实现了微包胶技术。主要化学武器有：神经性毒剂、糜烂性毒剂、全身中毒性毒剂、窒息性毒剂、失能性毒剂、刺激性毒剂，以及植物杀伤剂。其中以性能先进、毒性最大的神经性毒剂最为突出。

形形色色的化学武器

化学武器是一种成本低廉的大规模毁灭性武器，用化学武器进行作战称之为化学战。化学战很重要的一个特点就是只杀伤人员和生物不破坏武器装备和建筑设施，因而对军事家有一种更大的魅力。

自第一次世界大战起，第二次世界大战以及朝鲜、越南、中东、两伊、海湾等战争中，都有化学战的影子。目前化学武器空前发展，很多国家都企图拥有这一大规模毁灭性武器。

军用毒剂是化学武器的基本组成部分，按毒理作用分为6类：神经性毒剂、全身中毒性毒剂、窒息性毒剂、糜烂性毒剂、刺激性毒剂、失能性毒剂。

化学武器标志

（1）神经性毒剂。这类毒剂具有极强的毒性，是目前装备的毒剂中毒性最大的一类，它是通过阻隔人体生命至关重要的酶来破坏人体神经系统正常功能而置人于死地的。人一旦吸入或沾染这类毒剂，就会中毒，并出现肌肉痉挛，全身抽搐，瞳孔缩小至针尖状等明显症状，直至最后死亡。当前，神经性毒剂主要是指分子中含有磷元素的一类毒剂，所以也叫含磷毒剂。这类毒剂主要包括沙林、梭曼、VX等。

（2）全身中毒性毒剂。它也叫血液毒剂，是以破坏组织细胞氧化功能，引起全身组织缺氧为手段的毒剂，如氢氰酸、氯化氰等。能使人全身同时发生中毒现象，出现皮肤红肿，口舌麻木，头痛头晕，呼吸困难，瞳孔散大，四肢抽搐，中毒严重时可立即引起死亡。这类毒剂毒性很大，它能在15分钟内使人中毒致死，但在空气中消散得很快。

（3）窒息性毒剂。这是一类伤害肺，引起肺水肿的毒剂。人主要通过吸入而引起中毒，中毒者逐渐出现咳嗽，呼吸困难，皮肤从青紫发展到苍白，吐出粉红色泡沫样痰等症状，这类毒剂毒性较小，但中毒严重时仍可引起死亡，通常它在空气中滞留时间很短，属于这一类毒剂的有氯气、光气等。

（4）糜烂性毒剂。它是通过呼吸道和外露皮肤侵入人体，破坏肌体组织细胞，使皮肤糜烂坏死的一类毒剂，包括芥子气和路易氏气。这类毒剂中毒后会出现皮肤红肿、起大泡、溃烂，一般不引起人员死亡，但当呼吸道中毒或皮肤大量吸收造成严重全身中毒时，也可引起死亡。

（5）刺激性毒剂。这类毒剂主要作用是刺激眼、鼻、咽喉和上呼吸道黏膜或皮肤，使人员强烈地流泪、咳嗽、打喷嚏及疼痛，从而失去正常反应能力。它可分为催泪性和喷嚏性两种，属于这类毒剂的主要有苯氯乙酮、亚当氏气、CS 和 CR 等。刺激性毒剂是最早出现的一类毒剂，在战争中曾广泛使用，但由于毒性小，目前许多国家已不再将其列入毒剂类。它常用于特种部队的攻击行动，或装备警察部队用作抗暴剂。

遭受化学武器袭击施救演习

（6）失能性毒剂。它也叫“心理化学武器”，是造成思维和行动功能障碍，使受袭者暂时失去战斗力的一类毒剂。它能使一个正常人在一定时间内精神失常或陷入昏睡状态。这种毒剂经常被用于特种部队的奇袭行动。散布时通常呈烟雾状，可立即生效，并且在短时间内失效，对人体不构成生理损伤，因此国外也称这为“人道武器”。其实它与武侠小说中的“蒙汗药”、“迷魂香”一类的毒药相似。目前，这类毒剂中最主要的就是 BZ。除上述几类列装的毒剂外，还有植物杀伤剂。它是一类能造成植物脱叶、枯萎或生长反常而导致损伤和死亡的化合物。它包括除草剂、脱叶剂，在农业上则统称为除莠剂。在军事上的主要用途是使植被落叶枯萎，扫除视觉障碍，配合丛林反游击作战；或者袭击敌后方重要的农作物基地，造成该地农作物大面积减产或无收成，破坏其后勤供应等。美军在越南战争期间曾大量使用了植物杀伤剂。

鉴于化学武器的杀伤力强而且简单容易制造，毒气可呈气、烟、雾、液态使用，通过呼吸道吸入、皮肤渗透、误食染毒食品等多种途径使人员中毒。杀伤范围广，染毒空气无孔不入，所经过之处全部中毒，所以在 1997 年签订了《禁止化学武器公约》，《禁止化学武器公约》于 1997 年 4 月 29 日生效，其核心内容是在全球范围内尽早彻底销毁化学武器及其相关设施。公约规定所有缔约国应在 2012 年 4 月 29 日之前销毁其拥有的化学武器。为悼念化学战受害者并增强国际社会对化学武器危害的认识，禁止化学武器组织决定将每年的 4 月 29 日（《禁止化学武器公约》生效日）定为“化学战受害者纪念日”。曾经辉煌一时的杀人恶魔化学武器在各国的联合绞杀中终于寿终正寝。

VX

VX 是一种比沙林毒性更大的神经性毒剂，是最致命的化学武器之一。VX 是一种音译，它是由英国人在 1952 年首先发现的一种毒剂，之后由美国人选了 VX 作为化学战剂的发展重点。VX 主要装填在炮弹、炸弹等弹体内，以爆炸分散法使用，也可用飞机布洒，VX 毒剂以其液滴使地面和物体表面染毒；以其蒸气和气溶胶使空气染毒。

VX 是典型的持久性毒剂，杀伤作用持续时间为几小时至几昼夜。VX 毒剂的毒害时间比其他神经性毒剂要长，毒性要强，致命剂量为 10 毫克，一小滴 VX 液滴落到皮肤上，如不及时消毒和救治，就可引起人员死亡。VX 化学弹药主要是用于迟滞性化学袭击，妨碍对方机动、阻止与限制对方利用有利地形和装备，以及削弱其作战能力。

二元化学武器

二元化学武器是一种新型化学武器。它是将两种以上可以生成毒剂的无毒或低毒的化学物质——毒剂前体，分别装在弹体中由隔膜隔开的容器内，在投射过程中隔膜破裂，化学物质靠弹体旋转或搅拌装置的作用相互混合，迅速发生化学反应，生成毒剂。二元化学武器在生产、装填、储存和运输等方面均较安全，能减少管理费用，避免渗漏危险和销毁处理的麻烦，毒剂前体可由民用工厂生产。但二元化学武器弹体结构复杂，化学反应不完全，相对降低了化学弹药的威力。20世纪60年代以来，有些国家已研制了沙林、VX等神经性毒剂的二元化学炮弹、航空炸弹等。

从军事观点看，二元化学武器系统与一元化学武器相比并无优越性。这是因为二元弹的复杂结构会占据弹体部分空间，使毒剂的装填相应减少。另外，炮弹到达目标时毒剂的生成率仅达70%～80%，故二元弹的有效质量低，由此产生的杀伤范围小。不过二元弹的优点是能排除毒剂生产、弹药装填、运输及储存中的危险，且销毁方法简单（生产或销毁一元化学弹药的工作艰巨复杂）。还有，引入二元系统后，化学武器将进入一个新的阶段。敌人利用二元技术更便于掩盖自己的企图，对此，不能不引起我们的注意。

"毒气之王"芥子气

随着新毒剂的不断出现并在战场上的大量使用，到了一战中期，各式各样的防毒面具也逐渐产生和得以完善，防毒面具已足以防通过呼吸道中毒的毒剂，这使得化学武器的战场使用效果大大降低，尽管各国仍在努力寻找能够穿透面具的新毒剂，但都是徒劳的。而此时，德军已悄悄地研制了一种全新的毒剂，作用方式由呼吸道转向了皮肤，并酝酿在适当时机使用，这就是被称为“毒气之王”的糜烂性毒剂——芥子气。

遭受化学武器袭击后的枯骨

芥子气是英国化学家哥特雷在1860年发现的。1886年德国化学家梅耶首先研制成功，并很快发现它具有很大的毒性。德国首先把它选为军用毒剂，并在芥子气炮弹上以黄十字作为标记，以后人们就把芥子气称为“黄十字毒剂”。直到今天，大家还习惯以黄十字来标志芥子气。芥子气学名为二氯二乙硫醚，纯品为无色油状液体，有大蒜或芥末味，沸点为219℃，在一般温度下不易分解、挥发，难溶于水，易溶于汽油、酒精等有机溶剂。它具有很强的渗透能力，皮肤接触芥子气液滴或气雾会引起红肿、起泡，以至溃烂，如果吸入芥子气蒸气或皮肤重度中毒亦会造成死亡，它的致死剂量为70～100毫克/千克体重。其中毒症状十分典型，可分5个发展阶段：

（1）潜伏期：芥子气蒸气、雾或液滴沾染皮肤后，一般停留2～3分钟后即开始被吸收，20～30分钟内可以全部被吸收。这段时间内皮肤没有痛痒等感觉和局部变化，而此时已进入潜伏期。芥子气蒸气通过皮肤中毒，潜伏期为6～12小时；液滴通过皮肤中毒，潜伏期为2～6小时。

（2）红斑期：潜伏期过后，皮肤出现粉红色轻度浮肿（红斑），一般无疼痛感，但有瘙痒、灼热感。中毒较轻者，红斑会逐渐消失，留下褐色瘢痕。中毒较重者，症状会继续发展。

（3）水泡期：中毒后约经18～24小时，红斑区周围首先出现许多珍珠状的小水泡，各小水泡逐渐融合成一个环状，再形成大水泡。水泡呈浅黄色，周围有红晕，并有胀痛感。

（4）溃疡期：如水泡较浅，中毒后3～5天水泡破裂；如水泡较深，中毒后六七天水泡破裂。水泡破裂后引起溃疡（糜烂）。溃疡面呈红色，易受细菌感染而化脓。

（5）愈合期：溃疡较浅时，愈合较快。溃疡较深时，愈合很慢，一般需要两三个月以上，愈合后形成伤疤，色素沉着。

第一次世界大战中，芥子气以其无与伦比的毒性，良好的战斗性能，为当时各类毒剂之首，所以有“毒剂之王”的说法。德国使用“黄十字”炮弹仅仅 3 个星期，其杀伤率就和往年所有毒剂炮弹所造成的杀伤率一般多。因此这种毒剂，到了第二次世界大战时，第一次世界大战曾经使用过的许多毒剂被淘汰，有的虽未被淘汰但已经降为次要毒剂，唯独芥子气，仍然以主要毒剂存在，直到今天还是如此。

“毒剂之王”芥子气虽然有较好的使用性能，然而也有致命的弱点，那就是中毒到出现症状有一个潜伏期，少则几个小时，多则一昼夜以上。芥子气的使用密度无论多大，染毒浓度不管多高，要使中毒人员立即丧失战斗力是不可能的。同时，芥子气的持续时间长，妨碍了自己对染毒地域的利用。另外，芥子气的凝固点很高，在严寒条件下就会凝固，呈针状结晶，而影响战斗使用。这样，芥子气的使用时机就受到了限制。

路易氏气曾经是作为克服芥子气的弱点而被选入的一个毒剂。它是 1918 年春由美国的路易氏上尉等人发现的。纯路易氏气为无色、无臭油状液体，工业品为褐色，并有天竺葵味和强烈的刺激味。其渗透性比芥子气更强，更容易被皮肤吸收，同时它还有较大的挥发性，很快就能达到战斗浓度。因此，它作用比芥子气要快得多，可使眼睛、皮肤感到疼痛，然后皮肤起泡糜烂，中毒严重的部位会坏死，并且吸收后引起全身中毒。美国在 20 世纪 20 年代，对路易氏气的作用曾作了过高的估计，以致在第二次世界大战一开始就盲目迅速建立路易氏气生产工厂，而没有开展其性能的评价工作。但事实上，路易氏气与芥子气相比，优点不多，缺点不少。路易氏气虽然作用快，但蒸气毒性不及芥子气，液滴对皮肤的伤害程度也比芥子气轻。对服装的穿透作用不及芥子气，遇水又极易分解。后来人们尝试着把路易氏气与芥子气混合起来使用，发现两种毒剂非但没有降低毒性，还可以相互取长补短，大大提高了中毒后的救治难度，同时还明显地降低了芥于气的凝固点。于是，路易氏气就成了芥子气形影不离的“好兄弟”。

一战

第一次世界大战，简称一战，时间是1914年8月至1918年11月。是一场主要发生在欧洲但波及到全世界的世界大战，当时世界上大多数国家都卷入了这场战争，是欧洲历史上破坏性最强的战争之一。战争过程主要是同盟国和协约国之间的战斗。德国、奥匈、土耳其、保加利亚属同盟国阵营，而英国、法国、俄国和意大利则属协约国阵营。在战争期间，很多亚洲、欧洲和美洲的国家加入协约国。中国于1917年8月14日对德、奥宣战。第一次世界大战以协约国的胜利而告终，并导致了奥斯曼帝国、德意志帝国、俄罗斯帝国、奥匈帝国四大帝国的瓦解，并促成国际联盟的成立。

芥子气中毒急救处理

(1) 皮肤：用军队配发的粉状消毒手套消毒。如无制式消毒手套，先用吸水物质吸去皮肤上毒液，后用下述消毒液局部处理：25%氯胺水溶液、5%二氯胺乙醇溶液或1:5含氯石灰水溶液或洗消净等。消毒10分钟后以清水冲洗。无上述消毒液时也可用肥皂、洗衣粉、草木灰或其他碱性物质洗涤局部，或用大量清水冲洗也能减轻损伤。

(2) 眼：以0.5%氯胺水溶液或2%碳酸氢钠水溶液冲洗，或以大量清水冲洗。

(3) 呼吸道：以0.5%氯胺或2%碳酸氢钠溶液或大量清水漱口，灌洗鼻、咽部。

(4) 消化道：以0.5%氯胺、2%碳酸氢钠溶液或1:2000锰酸钾水溶液或清水，反复灌洗10次以上。晚期禁止洗胃，以防胃穿孔。

非致命性武器催泪弹

催泪弹又叫催泪瓦斯，属于非致命性弹药。最常出现的成分为苯氯乙酮（CN）与邻氯苯亚甲基丙二腈（CS)。是一种以可发放出催泪气体，令人刺激流泪的化学物质制造的，可以由喷射或手榴弹形式发射。催泪弹被世界各国警察使用，广泛用作在暴乱场合以驱散示威者。亦可被用作为武器，刺激性气体在第二次世界大战时曾被使用。

警察喷洒催泪瓦斯

常用的催泪气体包括刺激眼睛的CN，CS，CR及刺激呼吸系统的OC胡椒喷雾。催泪气体在低浓度下，可使人眼睛受刺激、不断流泪、难以睁开眼睛。亦可引致呕吐的副作用。遇到催泪瓦斯赶快到通风良好的地方，症状应该很快就会消除了。

苯氯乙酮（CN）纯品为无色晶体，有荷花香味。它具有强烈的催泪作用和良好的稳定性。不但能装于炮弹和手榴弹使用，而且可以装在发烟罐中使用，主要是通过发烟产生的热量将苯氯乙酮晶体气化与烟一起分散产生效果。把苯氯乙酮用作毒剂是美国人的发明。事实上，早在1871年，德国化学家卡尔·格雷伯就合成了这一化合物。但在第一次世界大战期间，德国人对刺激剂的兴趣主要集中在喷嚏剂方面，而对苯氯乙酮未做进一步的研究。那时，英国人也发明了苯氯乙酮，但认为沸点太高，不便使用，也未给予重视。美国参战后，于1917年建议对这一化合物进行研究，一年后进行了野外试验，并把这一化合物确定为毒剂。由于苯氯乙酮工业生产的工艺流程还没有成熟，当时未来得及生产，战争就结束了。

战后，美国人对催泪剂方面有了新的兴趣。在20世纪20年代，美国化学兵对苯氯乙酮进行的研究比对其他任何毒剂都多。第二次世界大战后，苯氯乙酮继续作为制式军用毒剂储存在许多国家的化学武器库中。美国在越南战争中曾多次使用过苯氯乙酮弹。由于苯氯乙酮特殊的物理和化学性质，特别是它能够和其他物质混合使用，至今仍不失其战术使用价值。

催泪弹中装有镁、铝、硝酸钠、硝酸钡等物质。引爆后，镁在空气中迅速燃烧，放出含紫外线的耀眼白光，同时放出热量使硝酸盐分解，产生的氧气又进一步促进镁、铝的燃烧；催泪弹中装有易挥发的液溴，它能刺激人的敏感部位——眼鼻等器官黏膜，催人泪下。有时还装有毒剂——西埃斯，它引起大量流泪，剧烈咳嗽，喷嚏不止，令人难以忍受，严重可导致死亡。

催泪弹中威力较大的是用人工合成的辣椒碱和溴蒸气制作的催泪弹，能刺激眼黏膜和鼻腔内膜，让你不住地流泪流鼻涕流口水。这种催泪弹通常由刺激剂、溶剂等成分组成。目前国内外手持式喷射自卫器所用的刺激剂主要有苯氯乙酮（CN）、邻氯苯亚甲基丙二腈（CS）、辣椒素（OC）、胡椒素等几类，也有采用CR和其他液体型刺激剂的。其中，CS的安全性比CN要好得多，且刺激性更加强烈，而OC、胡椒素为纯天然、无毒制剂，因此它们是广泛应用的首选刺激剂。有时也将两种刺激剂复合使用：国外一些研究机构认为，复合型刺激剂综合了几种刺激剂的优点，并且安全性更好。

溶剂主要用来溶解刺激剂及其他组分，并作为刺激剂喷射使用的载体。选择溶剂的基本要求是：对刺激剂等有效成分的溶解性强、与配方中各组分不起化学反应且相容性好、不含有害物质。目前，喷射器所采用的溶剂尚存在一些有待解决的问题。

催泪弹可用多种器材施放。既可用各种炮弹、毒气罐、手榴弹在空中爆炸施毒，也可用溶液或粉尘布洒施毒。在战场上使用的催泪弹，力量大。一般与常规武器配合使用，可以降低敌方的作战能力。在维持社会秩序时可以使用催泪弹，力量小。

聚众闹事者一接触催泪弹散发的毒蒸气后，立即出现眼睛灼痛、畏光、大量流泪等症状，只要离开有毒区域，中毒症状一般在5～15分钟内自行消失。用清水冲洗眼睛、鼻腔，或漱口，效果更佳。但是，假若长时间受到催泪弹作用，有可能出现结膜炎等病症。

邻氯苯亚甲基丙二腈

邻氯苯亚甲基丙二睛，一种刺激性毒剂。美国军用代号CS。纯品为白色片状、有胡椒气味的结晶，不纯时呈黄色。沸点310℃～315℃。熔点93℃～95℃。挥发度很小。微溶于醇、易溶于有机溶剂，几乎不溶于水。不易水解。用热分散法可造成毒烟，也可用爆炸法或撒粉器造成微粉使地面和空气染毒。能刺激眼睛、呼吸道和皮肤，有强烈喷嚏和催泪作用。气溶胶对人眼的刺激阈值为0.0025mg/m^3，最低刺激浓度为0.1～1.0mg/m^3。皮肤接触有灼烧感，疼痛感，严重时出现水泡、溃疡。野战条件下，一般不会造成致死性伤害。美军在侵越战争中大量使用。防毒面具可对其有效防护。

自然界中的“催泪弹”

据说，哥伦布发现新大陆后，欧洲有钱有势的人就蜂拥至南美洲，奴役、杀害印第安人。一次，侵略者追杀到丛林后，印第安人突然全部失踪了。当侵略者进退两难时，忽然枞树丛里飞出一个个瓜形“炮弹”。随着一连串的“嘭、嘭”声，炮弹炸开处浓烟滚滚，侵略兵被呛得捂眼睛、抱脑袋，狼狈不堪。正要逃窜时，印第安人冲出来进行反击，围歼敌人。

原来，印第安人使用瓜形“催泪弹”不是人工制造的，而是南美洲热带森林里的一种天然植物，名叫“马勃”的真菌。它样子很像大南瓜，一般有足球那么大，重约5千克。马勃在没有完全成熟时，内部尽是白色带黏性的肉质，可以当菜吃。成熟后，包皮破裂，一旦干燥了，只要用手指轻轻一弹，就会冒出一股浓浓的黑烟，呛得人涕泪直流，喷嚏不停，弄得人狼狈不堪。马勃放出的黑烟是马勃菌繁殖用的粉状孢子。当孢子囊被碰破时，这些黑色的粉状孢子便四处喷散，发挥了催泪弹的作用，而马勃菌也就此得到了繁殖。

让人打喷嚏不止的亚当氏剂

大家一定都领受过感冒时打喷嚏的那种难受劲，但是如果在战场上要是让你连续不断地打喷嚏那将会产生什么结果？毫无疑问，这仗肯定没法打。但是，大千世界无奇不有，化学家们通过人工方法就合成了那么一种能使人不停地打喷嚏的毒剂，这种毒剂就是亚当氏剂。

亚当氏剂是美国伊利诺伊斯大学的罗杰·亚当氏少校领导的化学研究小组于1918年初发现的，亚当氏剂因而得名。英国也几乎同时发现了这种毒剂。亚当氏剂纯品是金黄色无臭的像针一样的结晶体，工业品为深绿色，它产生的毒烟为浅黄色。亚当氏剂不溶于水，微微溶于有机溶剂，在常温和加热条件下几乎不水解。具有很强的刺激效果，主要刺激鼻咽部，对皮肤也有轻微的刺激作用。在浓度为0.1毫克/米^{3}的空气中暴露1分钟，就明显感觉难以忍受，在10毫克/米^{3}的低浓度下，亚当氏剂即可引起上呼吸道、感官周围神经和眼睛的强烈刺激，如果浓度达到22毫克/米^3，暴露1分钟就会丧失战斗能力。如果浓度较高，或浓度虽低但作用时间较长时，则可刺激呼吸道深部。亚当氏剂起作用像感冒那样多开始于鼻腔，先是发痒，随后喷嚏不止，鼻涕涌流。然后，刺激向下扩展到咽喉。当气管和肺部受到侵害时，则发生咳嗽和窒息。头痛、特别是额部疼痛不断加剧，直到难以忍受。耳内有压迫感，且伴有上下颚及牙疼。同时还有胸部压痛、呼吸短促、头晕等。并很快导致恶心和呕吐。中毒者步态不稳、眩晕、腿部无力以及全身颤抖等，严重者可导致死亡。根据不同的染毒浓度，这些症状通常在暴露5~10分钟后才能出现，而中毒者即使戴上面具或离开毒区，在10～20分钟内，刺激症状仍可继续加剧，1～3小时后才可完全消失。

亚当氏剂中毒最令人无法忍受的是接连不断地打喷嚏，其结果使许多战斗动作无法完成，而且因为空气还没有吸入肺部就被迫喷出来，长时间地喷嚏还会使人呼吸困难，精疲力竭而丧失战斗力。特别是在戴上面具后继续喷嚏，由于打喷嚏前总要急速吸气而使呼吸阻力剧增，从而造成憋气，往往不得已脱去面具，从而造成更严重的中毒。因此，亚当氏剂配合毒性更大的通过呼吸道中毒的毒剂使用效果更佳。

在第一次世界大战以后，亚当氏剂及其类似物成了许多国家的科学家们广泛研究的课题。到第二次世界大战时，各国都生产了大量的亚当氏剂。至今它仍然储存在一些国家的化学武器库中。

喷　嚏

打喷嚏是肌体从鼻道排除刺激物或外来物的一种方式。人们常有4种原因打喷嚏。一是当他们感冒时会打喷嚏，帮助清洁鼻部。二是在患有过敏性鼻炎或花粉症时也会打喷嚏，从鼻道排出过敏物。三是患有血管收缩性鼻炎的人，流黏液鼻涕为典型症状，也经常打喷嚏。这种喷嚏源于鼻部血管变得对湿度和温度甚至有辣味的食物有过敏。第四种最常见的打喷嚏的原因是非过敏性鼻炎，为嗜曙红细胞增多性鼻炎，或叫NARES。患者有慢性鼻炎症状，但对各种过敏原的反应都非阳性。

一次偶然的打喷嚏不必忧虑。作为感冒症状的打喷嚏可随感冒病愈而消失，通常在两星期内。然而，持久的打喷嚏或伴有其他过敏症状如流涕、鼻塞、咽痛或眼睛发痒、流泪，则有必要去看医生。

延伸阅读

毒魔之王："梭曼"

1944 年，德国诺贝尔奖金获得者理查德·库恩博士合成了类似于沙林的毒剂——梭曼。

梭曼，学名甲基氟磷酸特乙酯，代号 GD。它是一种无色无味的液体，具有中等挥发度。沸点为 167.7℃，凝固点为零下 80℃，因此，在夏季和冬季都能使用。其毒性比沙林约高两倍，中毒症状与沙林相同，但又有其独特性能。一是在战场上使用时，它既能以气雾状造成空气染毒，通过呼吸道及皮肤吸收，又能以液滴状渗透皮肤或造成地面染毒；二是易为服装所吸附，吸附满梭曼蒸气的衣服慢慢释放的毒气足以使人员中毒；三是梭曼中毒后难以治疗，一些治疗神经性毒剂如沙林中毒比较特效的药物，对梭曼基本无效。

德国人在第二次世界大战期间，因合成梭曼所必需的一种叫吡呐醇的物质缺乏而未能生产梭曼。战后前苏联对梭曼"情有独钟"，在其化学武器库中一种代号为 BP—55 的毒剂就是梭曼的一种胶黏配方。20 世纪 70 年代以来，美国曾花了很大的力量去寻找所谓的中等挥发性毒剂。但无数实验结果表明，最好的中等挥发性毒剂还是梭曼。

毒杀力惊人的氢氰酸

第二次世界大战期间，由于一直存在着化学战的威胁，交战双方各国都以巨额投资加紧了化学战准备，使化学武器取得了突破性进展。

这一时期，军用毒剂的研究取得了突破性进展，主要表现在神经性毒剂的出现和一些老毒剂的改进。

施拉德博士的"意外发现"，使人类化学战上升到一个新的水平。神经性毒剂塔崩、沙林和梭曼的出现，大大提高了化学武器作为大规模杀伤性武器的威力。这类毒剂具有强烈的毒性、快速的杀伤作用，使过去最毒的光气和“毒气之王”芥子气都望尘莫及。由于这类毒剂以很小的剂量就能达到致死浓度，实现了化学武器小型化，更适合于地面机动作战。同时这类毒剂在使用上也更为便利，它可以装填在各种弹药、器材中使用，能以爆炸法使用，也能以布洒使用，从而满足多种作战需求，使化学武器的用途更广。除了发现新毒剂外，人们对一些老毒剂进行了改造，使它们重新焕发“青春”，特别是对氢氰酸的改造上，取得了很大成果。

搜寻化学武器

氢氰酸是一种毒性较高的毒剂，对人的致死量为体重的百万分之一。它首先是由瑞典科学家谢勒于1782年在一种叫普鲁士蓝的染料中分离出来的，据说这位科学家后来因氢氰酸中毒而死。常温下，氢氰酸是一种易流动的无色液体，有比较明显的苦杏仁味。其沸点很低，极易挥发，20℃时约为沙林的69倍。因此，它是典型的暂时性毒剂。即使毒液滴在皮肤上，也不会中毒，因为它来不及渗入皮肤就早已蒸发掉了。氢氰酸与水互溶，也易溶于酒精、乙醚等有机溶剂中。在常温下，它水解很慢，能使水源染毒，如与碱作用可生成不易挥发的剧毒物质，如氰化钾、氰化钠。氢氰酸主要通过呼吸道吸入引起中毒。一经吸入，人体组织细胞就不能利用血液中运送来的氧气，正常氧化功能就会受到破坏，引起组织急性缺氧，最后窒息而死，与一氧化碳的中毒机理基本相似。人们称其为血液毒剂，亦称为全身中毒性毒剂。

氢氰酸还有一个显著的特点，就是其分子小，蒸气压大，不易被多孔物质吸附，防毒面具的滤毒罐对氢氰酸的防护效能比其他毒剂要差，靠普通活性炭的吸附能力更差。因此，最初它是被用于对付防护面具而出现的。早在第一次世界大战期间，法国就曾大量使用过氢氰酸。当时是用钢瓶吹放的，毒剂云团没有到达袭击目标就被风吹散，后来利用火炮发射，爆炸

后氢氰酸又会发生燃烧，未能造成野战致死浓度，因而袭击效果很差，使该种毒剂作用没有得到充分发挥。第二次世界大战期间，美国、日本、前苏联都不断研究改进氢氰酸的使用技术。日本、美国采取增大毒剂装填量的方法，在大量毒剂蒸发时吸热，使染毒空气降温，既防止了毒剂燃烧，又提高了毒剂相对蒸气密度，以形成杀伤浓度。为此，日军采用了50千克氢氰酸炸弹，美军却认为炸弹的最佳装填量为500千克。而前苏联则采取在炸药中混入50%氯化钾作为消焰剂的办法，解决了氢氰酸的燃烧问题。德国也曾用飞机布洒器进行超低空布洒氢氰酸的试验，形成了极高浓度的染毒空气，使当时的防毒面具无法防护。由于对使用方法的改进，许多国家又把氢氰酸列入装备毒剂。

此外，战争期间，美国重新对与氢氰酸同一类的氯化氰毒剂进行了全面检验鉴定，进一步证实其具有很强的穿透面具能力。同时对路易氏气重新评价，优化了芥子气的生产过程，并提出了采用胶黏剂及芥路混合使用的新方法。

知识点

“沙林”毒剂

人们也许并不陌生，1995年的3月21日，在日本东京地铁站发生了一起轰动世界的毒气事件，造成5000多人中毒，其中12人死亡。事件发生后日本国内一片恐慌。警方全力侦查，证实为奥姆真理教所为，当即逮捕了真理教头目，并进行了公开审判，将真相公之于世。恐怖分子使用的是什么毒剂能造成如此大的伤害呢？这就是“沙林”毒剂。

沙林，学名甲氟膦酸异丙酯，国外代号为GB。它也是无色、易流动的液体，有微弱的水果香味。其爆炸稳定性大大优于塔崩，毒性比塔崩高3～4倍。由于它的沸点低，挥发度高，极易造成战场杀伤浓度，但持续时间短，属于暂时性毒剂。沙林主要通过呼吸道中毒，在浓度为0.2～2微克/升染毒空气中，暴露5分钟即可引起轻度中毒，产生瞳孔缩小、呼吸困难、出汗、流涎等症状，可丧失战斗力4～5天。作用15分钟以上即可致死。当浓度达到5～10微克/升，暴露5分钟即可引起中毒以至死亡。

延伸阅读

普鲁士蓝的来历

普鲁士蓝，是一种古老的蓝色染料，可以用来上釉和做油画染料。关于普鲁士蓝的来历有这么一个说法：

18世纪有一个叫狄斯巴赫的德国人，他是制造和使用涂料的工人，因此对各种有颜色的物质都感兴趣。总想用便宜的原料制造出性能良好的涂料。有一次，狄斯巴赫将草木灰和牛血混合在一起进行焙烧，再用水浸取焙烧后的物质，过滤掉不溶解的物质以后，得到清亮的溶液，把溶液蒸浓以后，便析出一种黄色的晶体。当狄斯巴赫将这种黄色晶体放进三氯化铁的溶液中，便产生了一种颜色很鲜艳的蓝色沉淀。狄斯巴赫经过进一步的试验，这种蓝色沉淀竟然是一种性能优良的涂料。

狄斯巴赫的老板是个唯利是图的商人，他感到这是一个赚钱的好机会，于是，他对这种涂料的生产方法严格保密，并为这种颜料起了个令人捉摸不透的名称——普鲁士蓝，以便高价出售这种涂料。德国的前身普鲁士军队的制服颜色就是使用该种颜色，以至1871年德意志第二帝国成立后相当长一段时间仍然沿用普鲁士蓝军服，直至第一次世界大战前夕方更换成土灰色。

后来一些化学家才了解普鲁士蓝是什么物质，也掌握了它的生产方法。原来，草木灰中含有碳酸钾，牛血中含有碳和氮两种元素，这两种物质发生反应，便可得到亚铁氰化钾，它便是狄斯巴赫得到的黄色晶体，由于它是从牛血中制得的，又是黄色晶体，因此更多的人称它为黄血盐。它与三氯化铁反应后，得到六氰合铁酸铁，也就是普鲁士蓝。

坦克不能承受之“软”

利用特异性能的化学物质，破坏坦克、战斗车辆的观瞄器材、电子设备、发动机以及操作人员的生理功能，使其丧失战斗力。如果说常规的反坦克武器是“以硬对硬”，那么这种化学物质反坦克武器就是以“软”制硬，可以说是坦克不能承受之“软”了。其主要有：

反坦克泡沫橡胶。其主要是一些漂浮性好的泡沫材料，如聚苯乙烯、聚乙烯、聚氯乙烯、聚氨酯硬质闭孔泡沫材料。将它们制成炮弹、炸弹，由火炮或战车、飞机发射。爆炸后，迅速产生大量泡沫体，在空气中形成悬浮云团，并能持续一定时间。由于它们很容易被坦克或装甲车的发动机吸入，因而能导致发动机即刻熄火。若将其发射到敌方集群坦克的必经之路上，可形成一道泡沫体云墙，造成集群坦克阻滞不前，处于被动挨打境地。

反坦克乙炔弹。该弹的弹体分为两部分：一部分装水，另一部分装二氧化钙。弹体爆炸，水与二氧化钙迅速产生大量乙炔并与空气混合，组成爆炸性混合物。这样的混合物碰到坦克等战车后，很容易被发动机吸入汽缸，在高压点火下造成猛烈爆炸，足以彻底摧毁发动机。一枚0.5千克左右的乙炔弹就能破坏阻滞一辆坦克的前进，而驾驶员和乘员一般不会发生危险，美国研制的这种弹药专门用来对付集群坦克。先将乙炔弹投放在敌人必经的路上，一旦敌人坦克或装甲车通过，即将其引爆。

反坦克乙炔弹

反坦克黏胶剂。它由两种成分组成，装在两种炮弹或炸弹中，通过爆炸混合，产生胶性极强的且不透光的初胶云雾团。胶雾随空气进入坦克发动机，在高温条件下瞬时固化，使汽缸活塞动作受阻，导致发动机熄火停车，从而失去机动能力。另外，当黏胶剂到达坦克的各个观察窗口时，能粘住瞄准镜和测距仪等光学仪器，直接干扰坦克乘员的视线，使驾驶员看不清道路，无法沿攻击方向前进；车长看不清战场情况变化，无法实施正确的指挥；射手无法瞄准射击，整个坦克丧失战斗力。

阻燃（窒息）弹，亦称吸氧武器。它以阻燃剂为主要破坏因素。近年来国外研制开发了一大批新型的战争使用的阻燃剂、材料，将其装弹。使用时，可用火炮发射，爆炸后可形成一定范围的阻燃剂烟云，也可像施放烟幕那样去向敌战车施放阻燃剂气溶胶云团。当这种云团被车辆发动机从进气口吸入后，发动机立刻熄火，人员吸入该气体也会因缺氧窒息而丧失战斗力，达到阻滞敌军行动之目的。近年来，这种弹药的研究取得了很大进展，甚至已为进入战场打下了基础。目前，美国正全力研制阻燃剂窒息反坦克弹，并认为该弹是对付集群坦克效果最佳的新概念武器。

超级腐蚀剂。其弹体内装有腐蚀性极强的化学药剂，有的是往道路上撒布的特殊结晶药粉，可使经过的车轴轮胎全部报废；有的是经过喷洒器喷到飞机翅膀上，使其变脆，失去弹性而无法起飞。美国试验的一种超级腐蚀性化合物，它附着在车辆等物质上，可以“吃”掉金属、橡胶和塑料等，不仅能毁掉坦克和汽车，还能破坏其他武器装备，甚至能使燃料变成毫无用途的凝固胶。

金属致脆液。它是用化学方法使金属或合金分子结构改变，从而使其强度大幅度降低。金属致脆液可侵蚀几乎所有金属，破坏飞机、舰船、车辆、桥梁建筑物等金属结构部件。金属致脆液通常是无色的，只需要少量的无法觉察的喷溅，即可使受溅体致脆。

泡沫喷射破弹。该弹体装有某种特殊的化学物质，命中坦克后弹药破裂，化学装料与空气作用迅速产生大量的泡沫。铺天盖地而来的泡沫不但妨碍了驾驶员的视线，而且还能涌入发动机内部，使其熄火，从而达到致使敌方无法作战的目的。和平时期还可用来应付突发骚乱和对付暴乱人群。这种泡沫喷射剂产生的大量泡沫，能迅速将暴动人群淹没，使他们浑身难受，从而失去活动能力。

特殊塑料球。“球”内装满聚苯乙烯颗粒，当用此种武器射击直升机，“球”体内便施放出数量极大、重量极轻的塑料小球，无数小球迅速将直升机包围。直升机发动机一旦被迫吸入或吸附了这些小球，灾难也就临头，发动机会因此而产生“喘振”，导致停车坠毁。也可用其攻击坦克或其他战车，同样可使其发动机熄火。

乙 炔

乙炔，俗称风煤、电石气，是炔烃化合物系列中体积最小的一员，主要作工业用途，特别是烧焊金属方面。乙炔在室温下是一种无色、极易燃的气体。纯乙炔是无臭的，但工业用乙炔由于含有硫化氢、磷化氢等杂质，而有一股大蒜的气味。

乙炔常压下不能液化，升华点为 -83.8℃，在 1.19×10^5Pa 压强下，熔点为 -81℃；易燃易爆，空气中爆炸极限很宽；难溶于水，易溶于石油醚、乙醇、苯等有机溶剂，在丙酮中溶解度极大，工业上在钢筒内盛满丙酮浸透的多孔物质（如石棉、硅藻土、软木等），在 1～1.2MPa 下将乙炔压入丙酮，安全储运。

乙炔燃烧时能产生高温，氧炔焰的温度可以达到 3200℃左右，用于切割和焊接金属。供给适量空气，可以安全燃烧发出亮白光，在电灯未普及或没有电力的地方可以用做照明光源。乙炔化学性质活泼，能与许多试剂发生加成反应。在 20 世纪 60 年代前，乙炔是有机合成的最重要原料，现仍为重要原料之一。

坦克的发明

一战期间，交战双方为突破由堑壕、铁丝网、机枪火力点组成的防御阵地，打破阵地战的僵局，迫切需要研制一种火力、机动、防护三者有机结合的新式武器。英国人斯文顿在一起意外中发现，如果在拖拉机上装上火炮或机枪，它不就无敌了吗？1915 年 2 月，英国政府采纳了斯文顿的建议，利用汽车、拖拉机、枪炮制造和冶金技术，于 1915 年 9 月日制成样车进行了首次试验获得成功，样车被称为“小游民”，全重 18.289 吨，装甲厚度为 6 毫米，配有 1 挺 7.7 毫米“马克沁”机枪和几挺 7.7 毫米“刘易斯”机枪，发动机功率 77.175 千瓦，最大时速 3.2 千米，越壕 1.2 米，能通过 0.3 米高的障碍物。

1916 年生产了“马克”Ⅰ型坦克，外廓呈菱形，刚性悬挂，车体两侧履带架上有突出的炮座，两条履带从顶上绕过车体，车后伸出一对转向轮。该坦克乘员 8 人，有“雄性”和“雌性”两种。“雄性”装有 2 门 57 毫米火炮和 4 挺机枪，“雌性”仅装 5 挺机枪。1916 年 9 月 15 日，有 48 辆“马克”Ⅰ型坦克首次投入索姆河战役，但因为各种原因只有 18 辆投入了战斗。同时丘吉尔也为了不让德国人察觉这样新式武器，于是便以“水箱（tank）”这一海军术语为这一个新式武器命名。结果这一名称被沿用至今，“坦克”就是这个单词的音译。